Wilhelm Schmeisser, Daniel Stoeff

Vom Lean Management zur Digitalisierung

Wilhelm Schmeisser
Daniel Stoeff

Vom Lean Management zur Digitalisierung

2., erweiterte Auflage

UVK Verlag · München

Bibliografische Information der Deutschen Bibliothek
Die Deutsche Bibliothek verzeichnet diese Publikation in der Deutschen Nationalbibliografie; detaillierte bibliografische Daten sind im Internet über <http://dnb.ddb.de> abrufbar.

ISBN 978-3-86764-897-4 (Print)
ISBN 978-3-7398-0461-3 (EPUB)
ISBN 978-3-7398-0462-0 (EPDF)

Einbandgestaltung: Atelier Reichert, Stuttgart
Cover-Illustration: © iStockphoto – estherpoon
Printed in Germany

UVK Verlag
Nymphenburger Strasse 48 · 80335 München
Tel. 089/452174-65
www.uvk.de

Narr Francke Attempto Verlag GmbH & Co. KG
Dischingerweg 5 · 72070 Tübingen
Tel. 07071/9797-0
www.narr.de

Vorwort

Wo fängt Digitalisierung an und wo hört Lean-Management auf? Eine Frage, die permanent aufgeworfen wird. Alle Entwicklungsstufen von Industrie 1.0 bis Industrie 4.0 gehen in die Digitalisierung ein, da alle aufeinander aufbauen und die technischen Entwicklungsstufen alle in Industrie 4.0 oder der Digitalisierung integriert werden. Dampfmaschinen trieben z.B. Webstühle in den ersten industriellen Produktionsanlagen an (Industrie 1.0). Bald darauf erfolgten die Elektrifizierung und das Fließband (Industrie 2.0). Die dritte Revolution (Industrie 3.0 oder Lean Management) begann vor vier Jahrzehnten mit elektronischen und programmierbaren Komponenten und den Just-in-Time-Konzept in der Automobilindustrie.

Bei Industrie 4.0 oder Digitalisierung verschmelzen künftig die reale und virtuelle Welt miteinander. Auf diese Weise sind viele innovative Produktionsmethoden und Produktionsprozesse denkbar. Funktionsübergreifende Wertschöpfungsketten einzelner Lean-Management-Prozesse können nun durch die Digitalisierung zusammenhängend geplant, gesteuert und kontrolliert werden und viele weitere Lösungen dazu sind denkbar.

Seit über 200 Jahren treiben diese technischen Entwicklungsstufen unsere Produktivität, Wirtschaftlichkeit und Rentabilität aller unserer Industriebranchen an und bescheren uns eine internationale Wettbewerbsfähigkeit.

Zum Schluss möchten wir uns bei Herrn Dr. Jürgen Schechler bedanken, der uns eine 2. Auflage dieses Buches ermöglicht hat.

Berlin/ Nürnberg Die Verfasser

Inhaltsübersicht

Inhaltsverzeichnis

Teil 1

Lean Management

1 Einleitung: Zum Toyota-Produktions-system (TPS)

Das Toyota-Produktionssystem, als „schlanke Produktion" beziehungsweise Lean Management bekannt, lässt sich auf die Ingenieure Eiji Toyoda und Taiichi Ohno aus den 1960er und 1970er Jahren des vergangenen Jahrhunderts zurückführen.

Sie selbst haben aus dem Produktionssystem von Ford/Taylor, dem amerikanischen Qualitätssystem (Total Quality Management) und nicht zuletzt aus der traditionellen Organisationslehre von Nordsieck und Kosiol viel übernommen,

und es mit japanischen und später amerikanischen Terminologien versehen.

Das Toyota-Produktionssystem (TPS-Verfahren) wurde dann wieder weltweit kopiert und unter verschiedenen Begriffen bekannt. Das TPS-Verfahren als Logistiksystem entstand in der japanischen Nachkriegszeit, aus der Not heraus. Aufgrund der damals vorherrschenden Situation in der japanischen Automobilindustrie wurde das TPS im Rahmen eines Programmes des MITI zur Steigerung der japanischen Wettbewerbsfähigkeit entwickelt. Gegenüber der Massenproduktion westlicher Unternehmen in den

1950er und 1960er Jahren lag der Fokus überwiegend darauf, die Fertigungsprozesse in viele kleine Arbeitsschritte zu zerlegen (Taylorismus), Wertschöpfungskettenabschnitte aus dem Unternehmen vorzuverlagern (Outsourcing) und in Fertigungsanlagen in möglichst großen Stückzahlen zu produzieren.

Ziel war es, das Gesetz der Massenproduktion und später die Gesetze der Erfahrungskurve durch Rationalisierung und Automation zu implementieren. Bei Toyota konzentrierte man sich deshalb von vornherein auf die Verbesserung der Arbeitsabläufe, da hier die größten Produktivitätssteigerungen zu erzielen waren, Materialkosten gesenkt und dadurch die Fertigungskosten reduziert werden konnten. Der Hintergrund war, dass es Toyota an Finanzmitteln für das Anlagevermögen fehlte, wegen geringen Grundstückflächen auch wenig Platz für neue Anlagen im Beschaffungs- und Produktionsbereich vorhanden waren, aber trotzdem die Wirtschaftlichkeit und die Rentabilität der Autoproduktion im Vordergrund standen. Daher musste Toyota die Kernfähigkeit der Automontage entwickeln, Abläufe zu synchronisieren und diese kontinuierlich hinsichtlich Zeit, Ressourcen und Fehler zu verbessern und zu reduzieren (Null-Fehler-Programm). Dadurch entstand über einen Zeitraum von 20 bis 30 Jahren ein eigens von Toyota entwickeltes Produktions-Logistikverfahren für die Serienproduktion (Kanban-System, Just-in-Time-System). Dieses System verbindet die Produktivität der Massenproduktion mit der Qualität der Werkstattfertigung bei kleinen, kurzfristig abrufbaren Serien von gewünschten Automobilmodellen (vgl. Schmeisser/Andresen/Kaiser 2012, S. 1 ff., Schmeisser/Reiß/Rolf/ Popp 2014, Kapitel 2).

1.1 Ziel und Strategie des Toyota-Produktionssystems

Ziel des TPS-Verfahrens ist es, einmal höchstmögliche Qualität bei den herzustellenden Autos im Vergleich zum Konkurrenzauto, damals zum VW-Käfer, zu erzielen, innerhalb kürzester Produktionszeit mit zugleich niedrigsten Kosten einen anzustrebenden Verkaufspreis (Target Costing) zu erreichen, um wettbewerbsfähige Autos mittels Kostenführerschaft global anbieten zu können.

Dieses Produktionsziel hat Toyota zwischen 1965 und 1985 erreicht, und zwar durch eine konsequente Vermeidung von **Muda** (Verschwendung), **Mura** (Unregelmäßigkeit) sowie **Muri** (übermäßige Belastung) von Maschinenbelegung, Materialverschwendung und Leerzeiten bei Maschinen und Mitarbeitern.

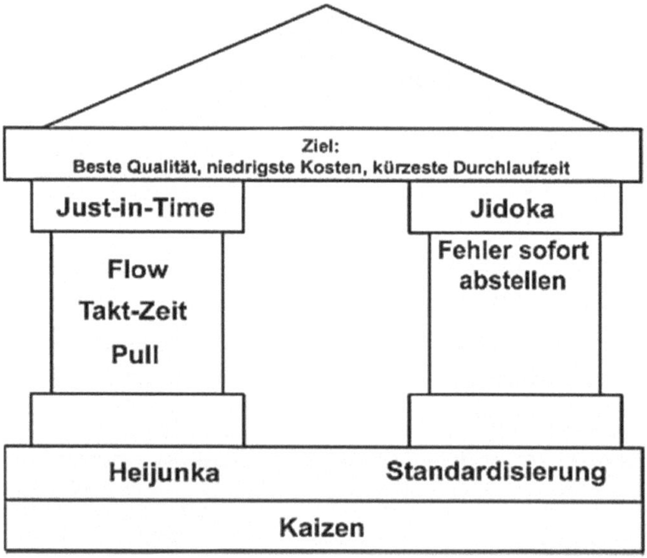

Abbildung 1: Das Toyota-Haus
Quelle: Ursprung von Lean Manufacturing [Albat 2012]

In Abbildung 1 werden die Ziele grafisch als Produktionsphilosophie zusammengefasst.

Um die Ziele zu erreichen, entwickelte Toyota notwendige Kernelemente sowie Methoden, (Organisations-)Prinzipien und Konzepte in Anlehnung an Kosiols Ablauforganisation.

Als Basis zur Gewährleistung der Zielerreichung für die Produktion dient das „**Kaizen**", d.h. das Training und die Qualifizierung der Mitarbeiter, eine kontinuierliche Verbesserung der Produktion durch Verbesserungsvorschläge der Mitarbeiter (Quality Circles) sowie der Entwicklung einer

Führungs-, Unternehmens- als auch einer Lernkultur hin zum Total Quality-Management.

Ein weiteres Fundament, neben dem „Kaizen“, bildet die Standardisierung von Arbeitsabläufen und -schritten innerhalb der Produktion, unterstützt durch Normung der Materialien und Hilfsstoffe sowie der Typenbildung bei den Zwischenprodukten. Ein zusätzlicher Schwerpunkt liegt in der Logistik, in Form einer Produktionsglättung („Heijunka“), so dass minimale Leerlaufzeiten bei den Maschinen und bei den Mitarbeitern während des Produktionsablaufs entstehen.

Im „Toyota-Haus“ umfasst die Just-in-Time-Logistik die linke Säule des Hauses. Hierbei werden nur so viele Autos eines Modells hergestellt, wie durch Verkaufsaufträge in den Verkaufsniederlassungen geordert werden. In der linken Säule befindet sich dazu noch die Synchronisierung von Prozessketten im Material- und Fremdbauteilebeschaffungssystem durch ein „Pull-System“.

Bauteile werden nur dann angefordert, wenn diese zur Fertigung von Autos benötigt werden. Die Taktzeit bedeutet in diesem Zusammenhang die Nachfragequote der Kundennachfrage. Somit wird nur das produziert, was der Markt auch tatsächlich nachfragt und fordert. Aufgrund der Taktzeit kann so die optimale Dauer der Arbeitszyklen erreicht werden, um so die Nachfrage der einzelnen Kunden rechtzeitig zu erfüllen, damit keine Kundenbeschwerden oder Konventionalstrafen drohen.

Die rechte Säule des Toyota-Hauses umfasst das „Jidoka“, ein Total Quality Control-System, das ein automatisches Stoppen der Produktion bewirkt, wenn Fehler im Produktionsprozess auftauchen oder Abweichungen bei Bauteilen festgestellt werden. Dadurch werden kürzere Überarbeitungszeiten am Autoobjekt möglich und es gehen auch keine weiteren Materialien und Arbeitszeiten in das fehlerhafte Auto ein.

Heute gilt das Toyota-Produktionssystem weltweit im Benchmark als eines der effizientesten und qualitätsgetriebensten Produktionsverfahren.

1.2 Zur Produktion im Kundentakt

Oberstes Ziel des Toyota-Produktionssystems ist die Produktion im Kundentakt. Die Produktion orientiert sich am Kundenbedarf, wobei Mehrkosten aufgrund von zu hohen Lagerbeständen, aber auch Umsatzeinbußen wegen mangelnder Lieferbereitschaft, vermieden werden sollen.

In der Logistiksprache handelt es sich um eine Just-in-Time-Produktion. Dieses Organisationssystem hat sich in vielen Automobilbetrieben durchgesetzt, da Lagerplätze, Materiallagerhallen, Hochregalsysteme usw. und damit viel Kapital eingespart werden können, um den Return on Investment zu erhöhen. Für die Implementierung des Just-in-Time bedarf es jedoch eine große organisatorische Vorlaufzeit, da die Lieferanten, die Spediteure und das eigene Produktionsplanungssystem darauf abgestimmt werden müssen. Des Weiteren müssen die Mitarbeiter flexibel in das Logistik- und Produktionssystem eingesetzt werden können.

Der Grund hierfür sind die ständig schwankenden Kundenbestellungen. Dennoch lassen sich mit dieser Methode

Lagerkosten sparen. Zudem wird einer Verschwendung von Materialien und Kapazitäten (Muda) entgegengewirkt, womit ein kontinuierlicher Verbesserungsprozess (Kaizen) erzielt wird.

1.3 Zur Eliminierung von Verschwendungen

Die Strategie sowie das zentrale Anliegen des Toyota-Produktionssystems sind die Verschwendungen und deren Reduzierungen in der Produktion. Die häufigsten Verschwendungsbereiche sind dabei zu hohe Lagerbestände, eine zu hohe und zudem nicht marktgerechte Produktion, unnötige Transportwege und Bewegungsabläufe, Stillstands,- Liege- und Wartezeiten sowie Fehler bei der Herstellung.

Um es kurz zu fassen: Eigentlich alle Tätigkeiten in der Produktion, die nur Kosten und keinen Mehrwert haben beziehungsweise keinen Mehrerlös in der Deckungsbeitragsrechnung und/oder dem Target Costing erbringen, d.h. unter Einbeziehung aller Kosten des zu produzierenden Produkts.

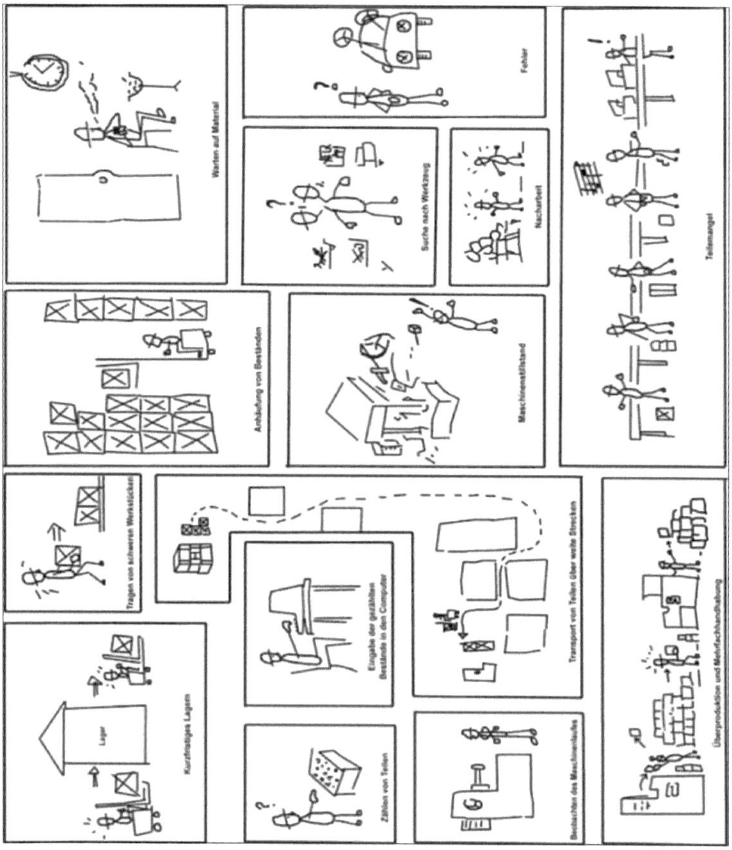

Abbildung 2: Typische Szenen in einer Fabrik
Quelle: Modernes Management im Produktionsbetrieb [Suzaki 1989, S. 8 f.]

In Abbildung 2 werden verschiedene situative Organisationsprobleme innerhalb einer Fabrikhalle karikativ vorgestellt.

Anhand von Abbildung 2 lassen sich sehr gut die verschiedenen Verschwendungsarten bei der Produktion in Fabrikhallen erkennen. Während beispielsweise ein Arbeiter hauptsächlich mit Warten auf Material beschäftigt ist, ist ein anderer Mitarbeiter auf der Suche nach seinem Werkzeug, oder aber es sind unnötig lange Transportwege zu laufen. Einige Mitarbeiter überwachen den Lauf der Maschinen oder notieren sich deren Stillstandzeiten. Betrachtet man diese Produktionsabläufe kritisch, erklärt es sich von selbst, dass diese Fertigungsprozesse nicht effektiv und effizient genug sind.

Allerdings stellt sich hier schnell die Frage, ob es wirklich an den einzelnen Arbeitsplätzen liegt und/oder an der Qualifizierung der Mitarbeiter, oder ob sich die Mitarbeiter lediglich an die vorgeschriebene Arbeitspläne halten und keiner den Arbeitsablauf in Frage stellt. Denn wenn nicht immer genug Materialien für den einzelnen und nächsten Arbeitsschritt im Fließprozess des Fertigungsvorganges vorhanden sind, dann liegen hier eindeutig ablauforganisatorische Probleme vor. [das Buch beruht maßgeblich auf Suzaki 1989].

1.4 Arten der Verschwendung

Unter „Verschwendung in Produktionsbetrieben“ versteht man Arbeit ohne Wertschöpfung.

Hierbei gilt es allerdings zu unterscheiden, ob Arbeit, die verrichtet werden muss, wie beispielsweise Teile holen oder Schalter bedienen, oder aber ob die eigentliche Arbeit durch sinnlose Arbeitsgänge des Transports unterbrochen werden sollte. Beispiele hierfür sind unnötige Transportwege oder die Lagerung von Zwischenprodukten, die zu keiner Wertschöpfung beitragen, es sei denn man betrachtet sie als Erholungszeit für die Mitarbeiter, damit nicht bei ihnen Monotonie und psychische Sättigung auftreten. Denn wertschöpfend sind Prozesse nur, wenn der Wert eines Produktes bzw. Autos durch den nächsten Bearbeitungsgang erhöht wird, d.h. für dessen Wertsteigerung der Kunde später bereit ist, einen höheren Preis für das Auto zu bezahlen.

Das Toyota-Produktionssystem unterscheidet sieben Arten der Verschwendung die nur Kosten verursachen, aber keine Wertsteigerung des Produktes erbringen:

[1] Verschwendung durch Überproduktion

[2] Verschwendung durch Wartezeit

[3] Verschwendung durch Transport

[4] Verschwendung durch den organisatorischen Arbeitsprozess

[5] Verschwendung durch hohe Material-, Fremdbezugsteile- und Fertigproduktbestände

[6] Verschwendung durch nicht notwendige Transportbewegungen

[7] Verschwendung durch Produktionsfehler

Überproduktion

Die schwerwiegendste Verschwendung ist laut Toyota die der Überproduktion. Überproduktion entsteht, wenn mehr produziert wird als geplant ist und der Kunde tatsächlich benötigt. Entweder werden hierbei Teile oder ganze Produkte produziert, für die kein aktueller Auftrag besteht, oder aber es werden zu viele Teile produziert, die zum gegebenen Zeitpunkt nicht benötigt werden. Aufgrund der Überproduktion erhöhen sich die Nachbearbeitung, die Durchlauf- und Wartezeiten und es entstehen zusätzliche Transporte bzw. Transportkosten. Des Weiteren erhöhen sich die RHB-Bestände (Roh-, Hilfs- und Betriebsstoffe) und die Fertigproduktbestände, womit ein zusätzlicher Raumbedarf für Lagerungen und Lagerkosten verbunden ist.

Wartezeit

Bei der Verschwendung durch Wartezeit gilt, dass jeder Schritt eines Fertigungsprozesses abhängig vom vorhergehenden beziehungsweise vom nachfolgenden Schritt ist. Verzögert sich schließlich ein Fertigungsprozess aufgrund einer Maschine, einer Information, eines Arbeiters oder aufgrund von nichtvorhandenem Material, wird Arbeitszeit verschenkt und die Kosten der Produktion erhöhen sich.

Transport

Von einer Verschwendung durch Transport wird dann gesprochen, wenn es zu unnötigen Bewegungen von Produkten, Materialien oder aber auch von Informationen von einem Bereich in einen anderen kommt. Ein Grund für überflüssige und lange Transportwege kann letztendlich ein falsch geplantes Fabrikhallenlayout sein. Dabei kann es unter Umständen vorkommen, dass Teile ohne ordnungsgemäße Ablage mehrmals angefasst und transportiert werden müssen. Dadurch wird Lagerraum in Anspruch genommen. Um dieser Verschwendung entgegen zu wirken, bedarf es einer Verbesserung hinsichtlich der Anordnung von Betriebsmitteln sowie der Prozesssteuerung, Transportmethoden, der allgemeinen Betriebsführung und der Arbeitsplatzorganisation.

Arbeitsprozess

Verschwendung durch den Arbeitsprozess bedeutet, dass es in Produktionsbetrieben vorkommen kann, dass bestimmte Technologien nicht korrekt arbeiten oder bestimmte Werkzeuge im Produktionsprozess fehlerhaft eingestellt sind. Ist dies der Fall, müssen entsprechende Bauteile nachgebessert werden (falls überhaupt möglich), was wiederum eine zusätzliche Arbeitskraft erfordert. Die Nacharbeit kostet Zeit und erhöht somit die Kosten für das eigentliche Endprodukt.

Hohe Bestände

Verschwendung durch hohe Bestände meint die Lagerbestände beziehungsweise die bereitgestellten Teile, die für die Herstellung eines Produkts benötigt werden. Durch die Lagerung entstehen dem Unternehmen Lagerhaltungskosten. Alle Teile, die im Moment nicht benötigt werden, verbrauchen Lagerflächen und veralten/verderben gegebenenfalls. Veraltete Materialien können dann nicht mehr für die Produktion verwendet werden. Indem alte Materialien ausgesondert werden und der Kauf von neuen Materialien auf geringere Mengen reduziert wird, lassen sich die Lagerbestände verringern.

Transportbewegung

Verschwendung durch Bewegung entsteht, wenn sich die Arbeiter in den Produktionshallen unnötig bewegen, sei es mit Holgängen von Material und Informationen als auch mit anderen Besorgungs- und Arbeitsgängen. Dabei wird Zeit benötigt und es entsteht ein Aufwand. Häufige Ursache sind eine schlecht standardisierte Arbeit und nicht ergonomisch ausreichend gestaltete Arbeitsplätze.

Produktionsfehler

Verschwendungen durch Produktionsfehler entstehen, wenn an einer Maschine Störungen auftreten und dadurch Wartezeiten entstehen, wodurch sich wiederum die Durchlaufzeiten verlängern. Werden Komponenten aufgrund von Produktionsfehlern beschädigt, müssen diese nachgebessert, repariert oder gar verschrottet werden. Durch die Verschrottung kommt es zu Materialeinbußen, was zur Kostensteigerung führt, da anschließend wieder neue Bauteile verbaut werden müssen. Wurden bereits defekte Bauteile verbaut, sind diese wieder zu demontieren. Dafür werden zusätzliche Arbeitszeit und damit Personalkosten benötigt. Weitaus schlimmer ist der Fall, wenn ein Fehler erst nach der Auslieferung an den Kunden bekannt geworden ist. Dann entstehen nicht nur Kosten infolge der Garantie und der somit verbundenen neuen Auslieferung, sondern es können auch zukünftige Geschäfte wegen Imageschaden verloren gehen, verbunden mit einem Rückgang des Marktanteils.

Kapitel 2

Vereinfachen, Kombinieren und Eliminieren

Um bestimmte Arbeitsabläufe zu verbessern und um gewisse Verschwendungselemente zu reduzieren, müssen diese Schwachstellen zunächst einmal ausfindig gemacht werden. Die Schwierigkeit liegt jedoch häufig darin, dass keine Anstrengungen unternommen werden, die Schwachstellen aufzudecken. Dadurch bleiben Verschwendungen verborgen und können somit nicht behoben werden. Oftmals ist es die Aufgabe von Ingenieuren, Arbeitsabläufe besser, billiger, einfacher, sicherer und schneller zu gestalten. Jedoch kann jeder Mitarbeiter zu einem Verbesserungsprozess beitragen. Den folgenden Sektionen: Vereinfachen, Kombinieren und Eliminieren wird nachfolgend jeweils ein Beispiel zugeordnet.

2.1 Zur Vereinfachung

Ein Arbeiter benutzt bei einem Montagevorgang zwei verschiedene Teile, um zwei verschiedene Produkte zusammenzufügen. Bei der Montage treten hin und wieder Fehler auf, weil ein Teil falsch verwendet wurde. Der

Grund dafür war, dass sich beide Teile sehr ähnlich sehen. Um derartige Verwechslungen zu reduzieren, wurde jede Lagerschachtel mit der Farbe markiert, die der jeweiligen Arbeitskarte entsprach. Zur Veranschaulichung dient Abbildung 3.

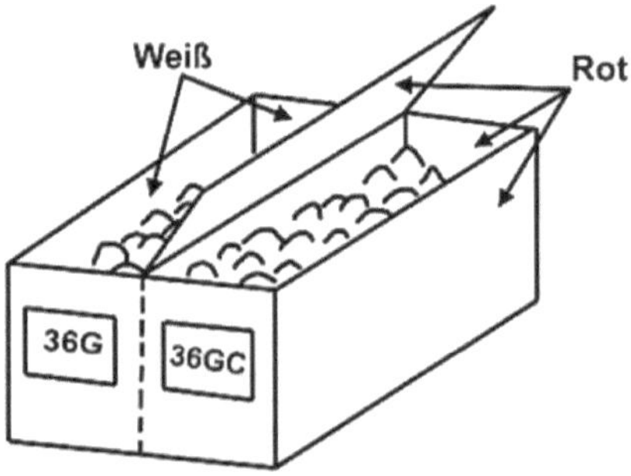

Abbildung 3: Farbmarkierungen können Fehler verhindern
Quelle: Modernes Management im Produktionsbetrieb [Suzaki 1989, S. 19]

Aufgrund guter Erfahrungen mit dieser Vereinfachung kam der Konstrukteur später auf die Idee, diese Farbkennung auch bei den Montageteilen zu verwenden.

Das Verwenden von verschiedenen Farben ist die einfachste Methode, um bei täglichen Arbeitsvorgängen Verwechslungen zu reduzieren. Werden zusammengehörige Werkzeuge, Schrauben und Gussteile mit der gleichen Farbe gekennzeichnet, ermöglicht dies eine schnelle Kombination. Auch für einen einfacheren Transport von Material und Teilen in einzelne Produktionsbereiche ist die Methode der Farbkennung sinnvoll.

2.2 Zum Kombinieren

Bei einem Arbeitsprozess werden zwei Maschinen benötigt. Gleichzeitig wurden dafür auch zwei Arbeiter benötigt, von denen je ein Arbeiter eine Maschine betätigte. Beide Maschinen sind hochautomatisiert, wodurch die Arbeiter überwiegend Zeit damit verbrachten, den laufenden Maschinen zuzusehen. Das Problem war, dass die Arbeitszeit der Arbeiter nicht effektiv genutzt wurde und eine Steigerung des Produktwertes somit nicht erzielt werden konnte. Daraufhin wurden beide Maschinen enger zusammengestellt und die verschiedenen Tätigkeiten wurden miteinander kombiniert. Das Ergebnis war, dass nun nur ein Arbeiter in der Lage war, beide Maschinen gleichzeitig zu bedienen. Die Abbildung 4 zeigt die Verbesserung durch das Kombinieren anhand einer Vor- und Nachher-Darstellung.

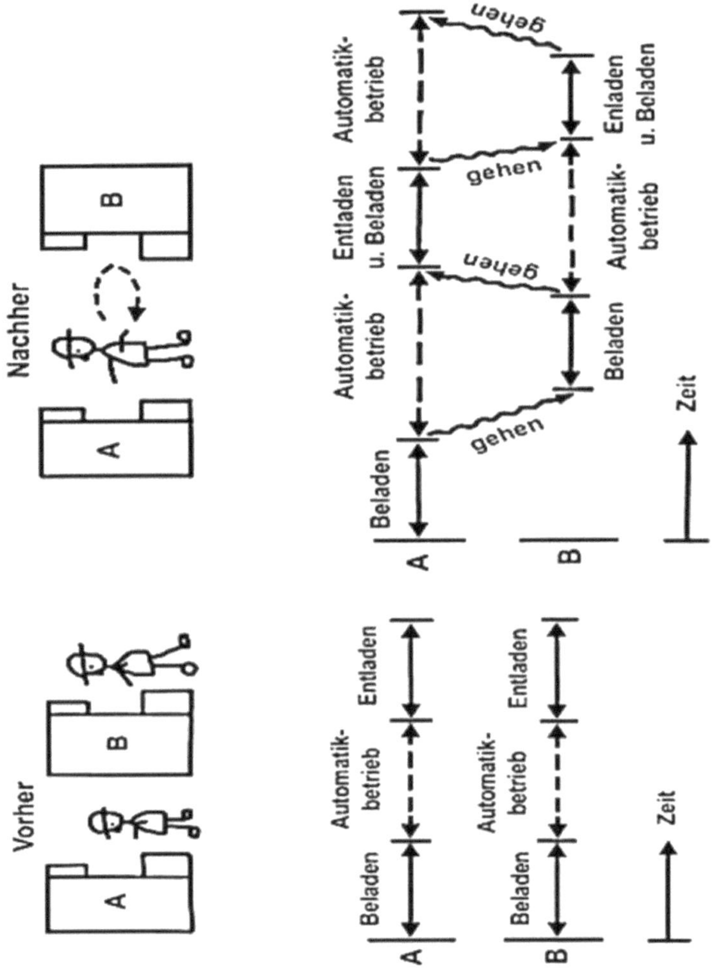

Abbildung 4: Mehrmaschinenbedienung
Quelle: Modernes Management im Produktionsbetrieb [Suzaki 1989, S. 20]

2.3 Zum Eliminieren

Materialtransporte von einem Fertigungsprozess zum nächsten verbrauchen viel Energie. Die Gründe eines hohen Energieverbrauchs liegen in einer mehrfachen Handhabung des Materials, wie beispielsweise durch das Abnehmen als auch das Wiederauflegen von Material auf das Transportband. Eine Eliminierung der Verschwendung wurde erreicht, indem benachbarte Prozesse synchron geschaltet wurden und eine Fließfertigung eingeführt wurde. Der Transport der Werkstücke zu den einzelnen Bedienstationen war daraufhin mit weniger Aufwand verbunden. Vorteile ergaben sich nicht nur ausschließlich in Bezug auf die Zeit sowie einer Verkürzung des Produktionsdurchlaufs, sondern auch in Bezug auf einer Reduzierung von Materialbeständen zwischen den Stationen, verbunden mit einem geringeren Zwischenlagerbedarf.

Abbildung 5 zeigt den Abbau der Verschwendung anhand der Schritte a bis d.

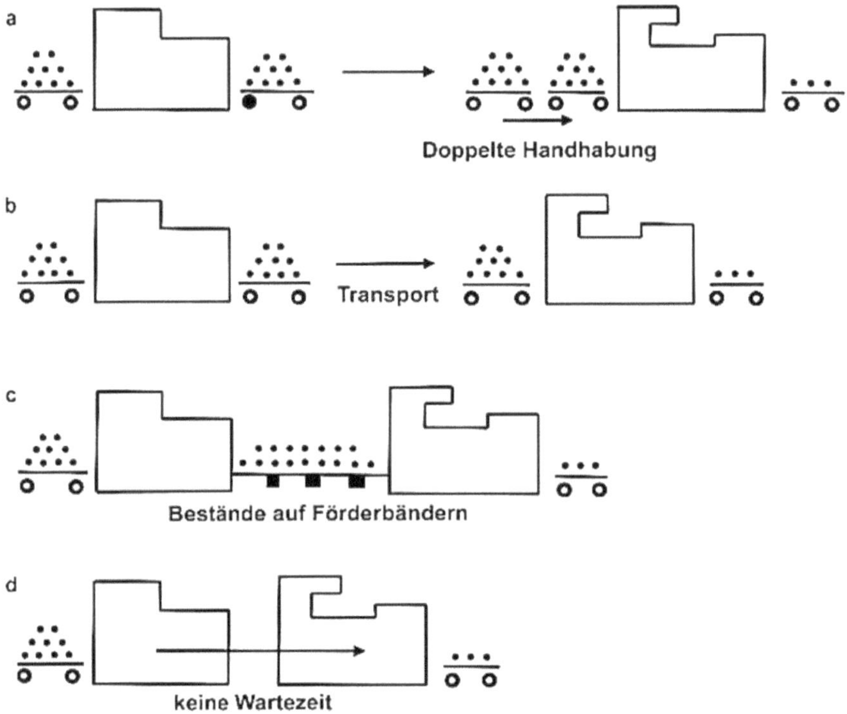

Abbildung 5: Vermeidung unnötiger Materialtransporte
Quelle: Modernes Management im Produktionsbetrieb [Suzaki 1989, S. 23]

Kapitel 3

Grundlagen der Arbeitsorganisation

Themen wie Betriebsführung und Arbeitsplatzorganisation spielen in den meisten Unternehmen eine eher untergeordnete Rolle. Dennoch sind beide Themen nicht außer Acht zu lassen. Damit die Arbeitsstätten so gestaltet sind, dass sie den Anforderungen der Mitarbeiter genügen, sollten sich Unternehmen den Grundsätzen beider Themen bestmöglich stellen. Generell gilt, Mitarbeiter, die stolz auf ihren Arbeitsplatz sind, stellen in der Regel eher qualitativ hochwertigere Produkte her, als solche, die unzufrieden mit ihrem Arbeitsumfeld sind.

Im Management ist es sinnvoller, den Schwerpunkt zunächst auf die Gestaltung der Arbeitsplatzorganisation und die Betriebsführung zu legen, um dadurch Verbesserungen im Arbeitsprozess zu erreichen, anstatt viel Zeit mit dem Controlling zu verbringen.

Eine einfache Möglichkeit, um Verbesserungspotenziale in Produktionsstätten aufzudecken, besteht darin, sich den Betrieb vor Ort anzuschauen. Verbesserungsmöglichkeiten in Bezug auf die Betriebsführung lassen sich leicht anhand der Art und Weise der gelagerten Werkzeuge, anhand gereinigter Maschinen und sauberen Böden nachweisen.

Auf welche Art Arbeitstische eingerichtet sind, wie Späne und Maschinenabfall behandelt werden, wie Kontrollpunkte gekennzeichnet werden und wie die persönlichen Sachen von Mitarbeitern untergebracht sind, sind Indizien für eine eventuelle Verbesserung der Betriebsführung. Wie gut oder wie schlecht die Betriebsführung ist, hängt häufig von der Arbeitsmoral des Managers ab. Gehen ihn Abfall und Unordnung selber nichts an, werden auch seine Angestellten nicht darauf achten. Anders ist dies wiederum bei einem Manager, der auf diese Sachen hinweist und selber Wert auf Ordnung und Sauberkeit legt.

Wichtig ist es zu erkennen, wie hoch die **Ausschussraten** der Produktarten sind, wie hoch die Anzahl von Maschinenstörungen ist und wie hoch die Zahlen von Fehlzeiten und Verbesserungsvorschlägen seitens der Mitarbeiter sind. Folglich ist die Thematik der Betriebsführung eine Aufgabe, die jeden Mitarbeiter etwas angeht.

Die Betriebsführung steht im unmittelbaren Zusammenhang mit einer verbesserten Arbeitsplatzorganisation. Oberstes Ziel ist die Senkung der Produktionskosten. Folglich müssen häufig benötigte Werkzeuge in direkter Nähe zur Maschine platziert werden. Vorteilhaft sind Bedienungsanleitungen an den Maschinen sowie entsprechende Haltevorrichtungen für Werkzeuge, um keine unnötige Zeit zum Holen und Zurückbringen von Werkzeugen zu vergeuden. Eine regelmäßige Reinigung des Bodens und der Maschinen sind darum nötig, um frühzeitig eventuelle Risse oder Ölflecken zu erkennen, um diese gegebenenfalls zu beseitigen und Arbeitsunfälle vorbeugend zu vermeiden.

Die Funktionsfähigkeit der Produktion steht im unmittelbaren Zusammenhang mit der Betriebsführung und der Arbeitsplatzorganisation. Ist der Arbeitsplatz unzureichend ergonomisch gestaltet und ist die Betriebsführung schlecht organisiert, weist dies auf eine nicht sorgfältig durchgeführte Wartung, Fertigungskontrolle, Qualitätssicherung oder Layoutplanung hin. Hingegen ermöglichen eine gute Betriebsführung und eine gute Arbeitsplatzorganisation eine verbesserte Planerfüllung. Zudem lassen sich Problembereiche schneller und leichter erkennen: es kommt zu weniger Maschinenausfällen und zu Reduzierungen der Ausschussraten.

Kapitel 4

Zur Entwicklung eines gerichteten Fertigungsflusses

In Fabrikhallen werden Förderbänder oder Gabelstapler zum Transport von Materialien eingesetzt. Diese gelangen von einem Fertigungsbereich in einen anderen und werden mit Hilfe von Fertigungs- und Montagelinien bis zum Endprodukt eingesetzt. Permanente Kontrollpunkte entlang des gesamten Fertigungsprozesses sichern die Produktqualität. Grundlage aller betrieblichen Arbeitsvorgänge stellen Transport, Fertigung und Kontrollen dar. Weitestgehend sind die Prozesse der einzelnen Bereiche optimal gestaltet, jedoch nicht die Produktion im Ganzen. Oftmals kommt es zu Koordinationsproblemen. Den Mitarbeitern fehlt oft der Blick für das „Ganze", wodurch sich jeder nur auf seinen eigenen Bereich konzentriert. Das Resultat sind Produktivitätsverluste und die dadurch anfallenden steigenden Kosten aufgrund von angehäuften Zwischenlagerbeständen. Um das zu verhindern, ist eine genaue Analyse des Produktionsablaufes angebracht. Ein erster Schritt ist es, das Layout sowie die unterschiedlich verwendeten Maschinen im Betrieb zu untersuchen.

Häufig stehen die Maschinen in den Produktionshallen in einer bestimmten Anordnung. Aus der Sicht des Materialflusses dagegen stehen die Maschinen oftmals unkoordiniert da, so dass es oft notwendig ist, die Materialien, Zwischenprodukte und Fremdbezugsteile mehrmals durch die gesamte Fertigungshalle zu transportieren, was enorme Zusatztransportkosten verursacht. Hinzu kommt, dass die Arbeitswege zwischen den einzelnen Fertigungsschritten und Maschinen weit entfernt sind, womit Arbeitsgänge weit auseinander liegen und zusätzliche Kosten verursachen.

Die Gründe, die diese schlechten Materialflüsse verursachen, sind zum einen eine Expansion des Unternehmens durch Innovationen, die eigentlich eine Überprüfung des Materialflusses, Anschaffung neuer Maschinen und der Platzierung der alten Maschinen erfordern würden. Neue Maschinen und Arbeitsstationen werden aber dort platziert, wo gerade Platz in der Fertigungshalle ist, auf Kosten eines katastrophalen Materialflusses und extremen Transportwegen. Der einzige Vorteil für die Unterbringung gleichartiger Maschinen und Arbeitsgänge im selben Arbeitsbereich ist, dass diese Arbeitsgänge von einem einzelnen Mitarbeiter ausgeführt werden können.

Im Folgenden werden in einem Vergleich die Vor- und Nachteile eines verfahrensorientierten Layouts und eines produktorientierten Layouts dargestellt.

4.1 Verfahrensorientiertes Layout

Das verfahrensorientierte Layout fasst mehrere gleiche Maschinen oder ähnliche Verfahren, die zu einer Gruppe zusammengefasst sind. Diese Art der Anordnung bezeichnet man zudem funktionsorientiertes Layout. Abbildung 6 zeigt ein solches verfahrensorientiertes Layout mit den Betriebsmittelanordnungen sowie den Materialflussbeziehungen.

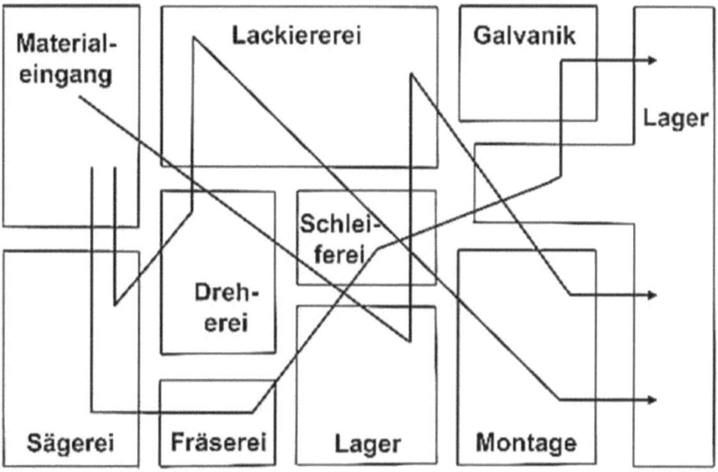

Abbildung 6: Materialfluss in einem verfahrensorientiertem Layout
Quelle: Modernes Management im Produktionsbetrieb [Suzaki 1989, S. 44]

Die Verschwendung bei einem verfahrensorientiertem Layout kann sehr hoch sein. Eine Verbesserung des Layouts kann zu einer gravierenden Leistungssteigerung im Unternehmen führen. Jedoch können auch Vorteile mit diesem Layout verbunden sein. Demnach ist es möglich, die Überwachung der Maschinen von nur einer Person durchführen zu lassen.

Des Weiteren lassen sich neue Arbeiter leichter einarbeiten sowie können Spezialwerkzeuge zum Einrichten der Maschinen gemeinsam genutzt werden. Lassen es die Kapazitäten zu, ist es bei Ausfall einer Maschine ebenso möglich, an einer benachbarten Maschine weiter zu produzieren. Um herauszufinden, ob dieses Layout wirtschaftlich genug ist, ist es notwendig, die Arten der Verschwendung zu untersuchen, die mit diesem Layout verbunden sind. Hervorgerufene Verschwendungen bei diesem Layout sind unter anderem eine schwierige Produktionsplanung und Kapazitätsabstimmung, Verschwendungen durch Transport, lange Fertigungsdurchlaufzeiten sowie einer Anhäufung von Umlaufbeständen von Materialien und unfertigen Erzeugnissen. Ansonsten lassen sich Fehlerursachen nur schwer ermitteln, und es gibt nur unzureichende Verbesserungsmöglichkeiten aufgrund mangelnder Standardisierung.

4.2 Produktorientiertes Layout

Bei einem produktorientiertem Layout ist der Materialfluss, im Gegensatz zum verfahrensorientiertem Layout, viel strukturierter und gleichmäßiger. Demnach fließt das Material, so wie es die Arbeitsfolgen zur Produkterstellung erfordern. Die Transportwege zwischen den einzelnen Stationen sind kürzer, und die Fertigungsprozesse sind enger miteinander verbunden. Veranschaulicht wird dies in Abbildung 7.

Es ist zudem leichter, anhand des produktorientiertem Layouts Produktionsarbeiter einer Arbeitslinie zuzuordnen. Mithilfe neuester Technologien und einer nötigen Motivation sowie Einsatzbereitschaft seitens der Mitarbeiter ist das Erlernen der Arbeitsvorgänge kürzer und schneller durchführbar.

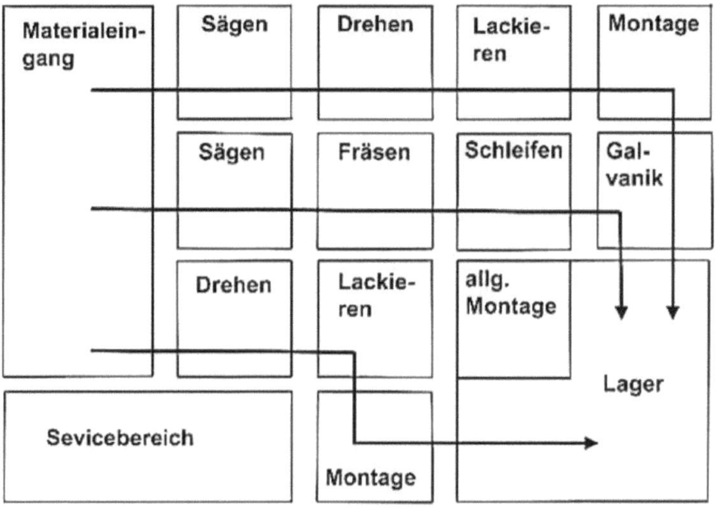

Abbildung 7: Materialfluss in einem produktorientiertem Layout
Quelle: Modernes Management im Produktionsbetrieb [Suzaki 1989, S. 45]

Durch eine Verbesserung der **Maschinenanordnung** ist es dem Arbeiter möglich, mehrere Maschinen unterschiedlicher Prozesse gleichzeitig zu bedienen. Das Erlernen gibt den Arbeitern die Möglichkeit, ihre Fähigkeiten zu erweitern, und ermöglicht zusätzlich eine besser genutzte Arbeitszeit. Der Einsatz von mehreren, billigeren und kleineren Maschinen ist oftmals effizienter als der Einsatz von teuren, schnellen und flexiblen Maschinen. Aufgrund der geringen Auslastung der Maschinen, die nur für bestimmte Serien benutzt werden, wird durch eine erhöhte Leistungsfähigkeit das gesamte System mehr als ausgeglichen.

Um Verschwendungen zu vermeiden, die sich aufgrund eines verfahrensorientierten Layouts ergeben, müssen Unternehmen die Herausforderung wagen, mithilfe des produktorientierten Layouts Veränderungen zu erzielen. Umfangreiche Verbesserungen können in den Betrieben allerdings nur erzielt werden, wenn ein besseres Verständnis zwischen allen Produktionsbereichen entwickelt wird, anstatt sich nur auf den eigenen Bereich zu konzentrieren. Dazu müssen Sachzwänge in Frage gestellt werden.

Obwohl das produktorientierte Layout viele Vorteile mit sich bringt, gibt es natürlich auch Nachteile. Aufgrund einer Dezentralisierung der einzelnen Bereiche kann es hinsichtlich der Führungsorganisation zu unklaren Verantwortlichkeiten und Kompetenzen kommen, wenn es darum geht, wem die Arbeiter unterstellt sind. Ein weiterer Nachteil können die begrenzten Kapazitäten der Maschinen sein. Hinzu kommt die Schwierigkeit, alle großen und teuren Maschinen abzuschalten, um sie gegen mehrere kleinere auszutauschen.

Die Abbildung 8 verdeutlicht in einer einfachen Darstellung die Vorteile des produktorientierten Layouts im Vergleich zum verfahrensorientiertem Layout.

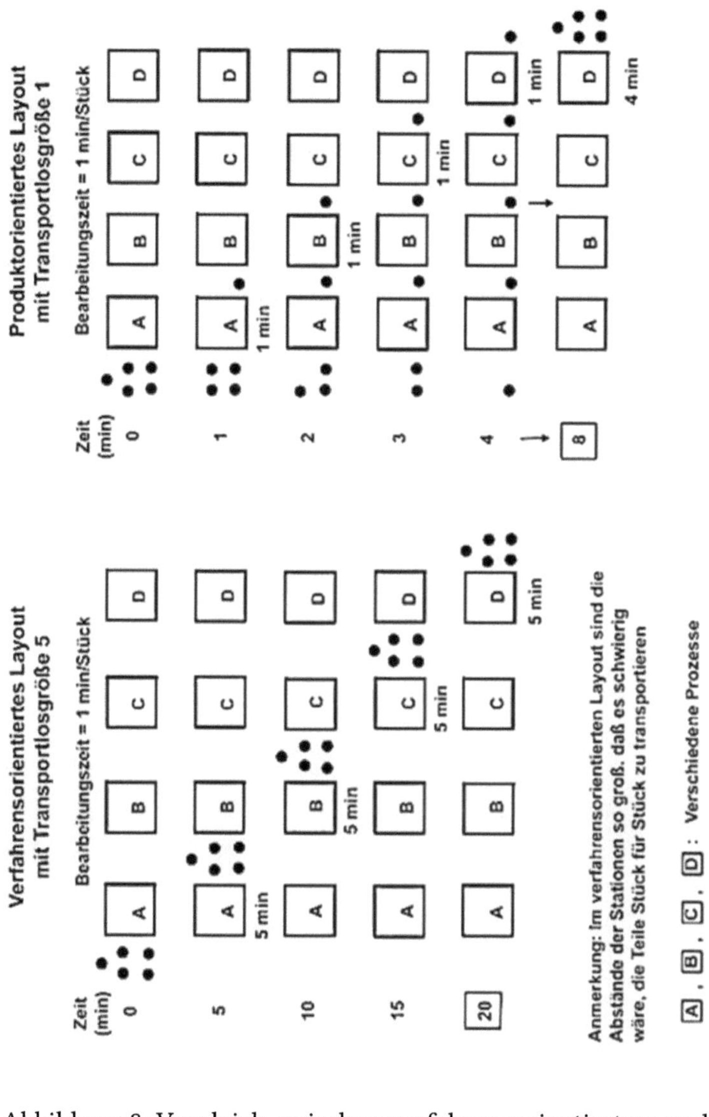

Abbildung 8: Vergleich zwischen verfahrensorientiertem und produktorientiertem Layout
Quelle: Modernes Management im Produktionsbetrieb [Suzaki 1989, S. 48]

Abbildung 8 zeigt einen direkten Vergleich beider Verfahren. Dabei ist zu erkennen, dass bei dem produktorientiertem Layout ein Fertigungsteil im Durchschnitt nur vier Arbeitsminuten benötigt, um alle vier Prozesse zu durchlaufen, und insgesamt nur acht Minuten bis zur Fertigstellung des Produktes. Vergleicht man die Höhe der Zwischenlagerbestände innerhalb beider Prozesse zwischen A und D, so erkennt man, dass das verfahrensorientierte Layout ein Maximum von 15 Teilen hat und das produktorientierte Layout hingegen nur drei. Dementsprechend benötigt das produktorientierte Layout auch weniger Lagerraum.

Kapitel 5

Zur Qualifikation der Mitarbeiter („technologiebasiertes Humankapital“)

Häufige Terminänderungen, Maschinenausfälle und Qualitätsprobleme beeinträchtigen den Materialfluss in der Fertigung. Starre Stellenbeschreibungen beeinträchtigen die Koordination im gesamten Produktionssystem. Das sind unter anderem Probleme, die anzugehen sind. Um entsprechend etwas zu bewirken, bedarf es einer Steigerung der Flexibilität innerhalb der Produktion.

Eine mögliche Lösung liegt hierbei im technologiebasierten **Humankapital** bzw. in der **Weiterqualifikation** jeden Arbeiters, um seine Fähigkeiten und Erfahrungen nicht zu verschwenden (vgl. Schmeisser 2013, S. 46 ff.).

Gemäß dem produktorientiertem Layout werden verschiedene Prozesse entsprechend ihrer Bearbeitungsreihenfolge hintereinander geschaltet. Daher ist es notwendig, dass die Arbeiter Mehrfachqualifikationen erlangen, damit sie mehrere Arbeitsprozesse ausführen können.

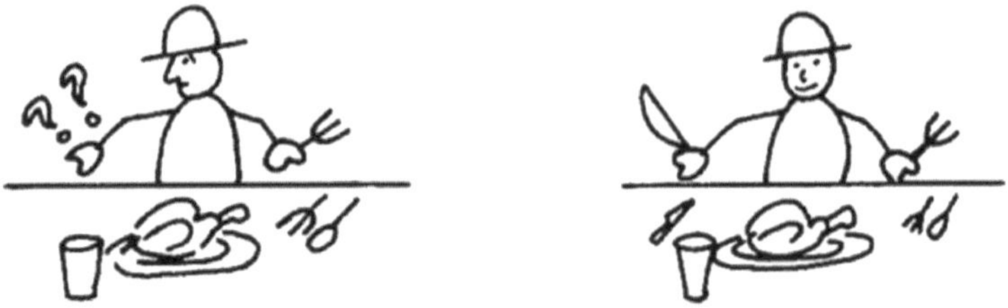

Abbildung 9: Mehrfachqualifikation
Quelle: Modernes Management im Produktionsbetrieb [Suzaki 1989, S. 61]

Abbildung 9 zeigt versinnbildlicht eine Mehrfachqualifikation in der organisatorischen Gestalt des Job Enrichments am Arbeitsplatz. Mehrfachqualifikation im Hinblick auf den Prozess der Fertigung bedeutet, dass die Arbeiter im Idealfall an allen Tätigkeiten beteiligt sind. Hierzu zählen Schneiden, Stanzen, Nacharbeiten, Schweißen, Montieren und Prüfen. Sind die Mitarbeiter vielseitig einsetzbar, ermöglicht es der Produktion, eine angemessene Reaktion auf eine wechselnde Marktnachfrage sowie Schwankungen innerhalb des Betriebsvolumens zu zeigen.

Nicht zu vergessen ist, dass das Management sowie alle Führungsebenen eines Unternehmens am **Weiterbildungsprozess** ihrer Mitarbeiter beteiligt sein sollten.

Denn sie müssen Ziele setzen, Mitarbeiter beurteilen, neue Mitarbeiter einarbeiten, Maschinen und Vorrichtungen so modifizieren (z. B. Poke-Yoke), so dass auch unerfahrene

Arbeiter diese Tätigkeiten schnell und innerhalb kurzer Zeit erlernen können. Des Weiteren sollten Arbeitsschritte standardisiert und Checklisten erstellt werden, damit sich die Arbeiter mit der jeweiligen Tätigkeit vertraut machen können. Bestenfalls befinden sich diese Checklisten am Arbeitsplatz und genügen dem neuesten technischen Stand. Die Mitarbeiter können somit ihre Arbeitsschritte mit der standardisierten Vorgabe vergleichen, und sie sind gegebenenfalls in der Lage, Verbesserungsvorschläge zu formulieren, wenn Schwierigkeiten in der Produktion auftauchen.

Neben Schulungen bedarf es weiterhin eines Arbeitsplatzwechsels, um Verbesserungen der Qualifikationen seitens der Mitarbeiter zu erlangen. Diesen Arbeitsplatztausch nennt man Job-Rotation. Nachfolgend werden zwei Beispiele aufgeführt, die die Sinnhaftigkeit einer Job-Rotation aufzeigen.

In Fertigungsbetrieben gibt es häufig Unstimmigkeiten zwischen den Meistern der Fertigung und der Montage. Der Grund hierfür sind auftretende Engpässe in der Montage durch fehlende Teile. Um ein besseres Verständnis für die Arbeit des anderen und seiner Situation zu bekommen, tauschten beide Meister ihre Arbeitsplätze. Als Resultat der Job-Rotation kann sich die Atmosphäre der beiden Meister verbessern und es kann zu weniger Engpässen zwischen den Bereichen kommen, da sie sich nun besser verstehen und absprechen.

In einem anderen Unternehmen wird Job-Rotation betrieben, um die Arbeiter weiter zu qualifizieren, um eine Flexibilisierung deren Einsatzbereitschaft zu erzielen, oft in Verbindung mit einem Programm zur Erweiterung der persönlichen Qualifikationen. Zu Beginn des Programms gab es ein Gespräch mit dem Vorgesetzten, wobei ein persönlicher Personalentwicklungsplan erstellt wird, der die Fähigkeiten und Entwicklungen des jeweiligen Arbeiters beinhaltet. Als Anreiz zur persönlichen Weiterentwicklung werden Lohnerhöhungen in Aussicht gestellt, woraufhin sich unter den Arbeitern ein gesundes Wettbewerbsklima entwickeln kann.

Generell ist festzuhalten, dass die Qualifikationen der Mitarbeiter zu erweitern und zu fördern sind, um auch das technologiebasierte Humankapital des Betriebes zu erhöhen und damit die Wettbewerbsfähigkeit des Unternehmens zu stärken.

Kapitel 6

Zur Verknüpfung der Produktionsbereiche

Hierbei geht es darum, die verschiedenen Bereiche innerhalb der Produktionshallen so zu steuern und zu koordinieren, dass die Waren in der erforderlichen Menge, zum gewünschten Zeitpunkt, mit möglichst geringen Kosten und mit höchster Qualität hergestellt und transportiert werden. Damit jede Information rechtzeitig am richtigen Ort ankommt, muss ein Just-in-Time-Informations- und Steuersystem entwickelt werden. Eine Möglichkeit dazu ist das Informationssystem Kanban (heute sicherlich ein Management-Informationssystem der Produktionsplanung und Steuerung). Mithilfe von Kanban lassen sich nicht nur Informationen übermitteln, sondern weitere Verbesserungsvorschläge in der Produktion erarbeiten.

6.1 Kanban

Kanban stammt aus dem Japanischen und bedeutet Anzeigekarte, deren Idee auf amerikanische Supermärkte zurückzuführen ist, um dort den Warenein- und -ausgang besser zu kontrollieren.

Die Kanban-Methode basiert auf einem sich selbst steuernden Regelkreis zwischen einer verbrauchenden Stelle und einer produzierenden Stelle. Benötigt die verbrauchende Stelle neue Ware, bekommt die produzierende Stelle ein Signal und weiß daher, welche Ware zu welchem Zeitpunkt und welcher Menge benötigt werden. Das Signal wird durch Kanbankarten ausgelöst und wird überwiegend in der Massenfertigung mit Fließfertigung angewandt.

Im Jahre 1953 hat der Begründer des Toyota-Produktionssystems, Taiichi Ohno von **Toyota**, mit der Einführung des Kanban-Systems in einem Produktionsbetrieb von Toyota begonnen.

Ohno erkannte, dass die Produktionsprozesse einer Fabrik mit einem Supermarkt verglichen werden können. In einer Fabrik ist Kanban eine Karte. Für die Veranschaulichung einer Kanban-Karte dient die Abbildung 10.

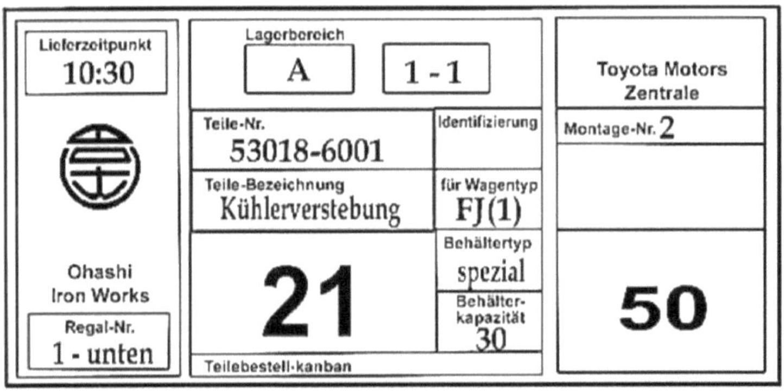

Abbildung 10: Beispiel einer japanischen Kanban-Karte
Quelle: Das Toyota-Produktionssystem [Ohno 1993, S. 86]

Diese Kanban-Karte ist eine Teilebestell-Karte für Zulieferer, hier am Beispiel der Ohashi Iron Works. Auf einer Kanban-Karte werden folgende Dinge vermerkt: Teilenummer, Bestimmungsort (hier Lagerbereich A), Belegnummer (hier 21) sowie dem Werkstor von Toyota, an dem die Teile in Empfang genommen werden (hier 50).

Zum weiteren besseren Verständnis zeigt die Abbildung 11, wie das Kanban-Informationssystem in einem Supermarkt funktioniert.

Die Abfolge der Ereignisse geschieht folgendermaßen:

① Ein Kunde entnimmt dem Regal die gewünschte Ware und geht damit zur Kasse.

② An der Kasse wird nun die Ware von den Kanbankarten, auch Transportkarten genannt, entfernt. Gleichzeitig werden die Kanban-Karten in einen Kasten gelegt und gesammelt.

③ Anschließend werden die Transportkarten ins Lager verschickt. Daraufhin wird entsprechend der Karten, genau dieselbe Menge an Waren aus dem Lager geholt. Nachdem die gewünschte Warenmenge dem Lager entnommen wurde, die zum Auffüllen der Regale im Supermarkt benötigt werden, müssen die Transportkarten gegen Produktionskarten ausgetauscht werden. Die Produktionskarten befanden sich zuvor an den Waren.

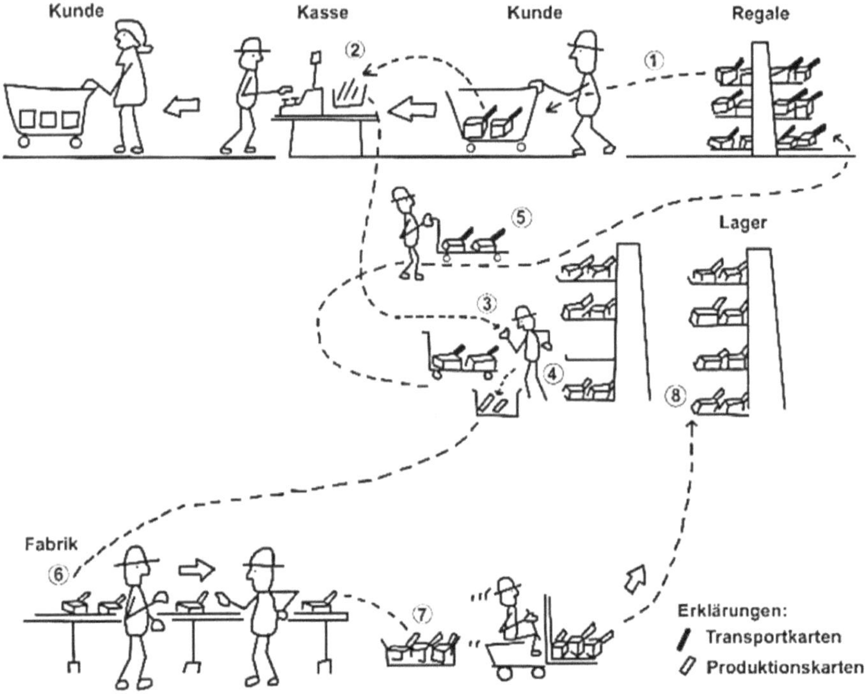

Abbildung 11: Supermarktkonzept und die Anwendung von Kanban
Quelle: Modernes Management im Produktionsbetrieb [Suzaki 1989, S. 143]

③ Nun werden die Produktionskarten in einem Kasten gesammelt.

⑤ Anschließend werden die Waren in den Supermarkt gebracht, mit Transportkarten versehen und in die Regale gestellt.

⑥ Die Produktionskarten werden wieder zurück in die Fabrik gebracht. Somit können die Produktionsarbeiter, anhand der Produktionskarten, genau die erforderliche Menge ersehen und erneut herstellen.

⑦ Ist die Produktion schließlich abgeschlossen, werden genau die Waren erneuert und mit Produktionskarten versehen.

⑧ Anschließend kommen die Waren wieder in das Lager, womit sich der Kreislauf schließt.

Durch diese Methode eines Warenwirtschaftssystems lassen sich die Warenhandhabung, die Produktion sowie der Planungs- und Transportaufwand verringern. Da sich nun die Produktion und der Materialfluss durch die Mitarbeiter selber steuern lassen, beschränken sich die Aufgaben des Planungs- und Transportpersonals lediglich auf die Überwachung und Aktualisierung des Systems.

Nachdem Ohno das Konzept implementierte und praktizierte, bemerkte er jedoch schnell, dass damit auch einige Probleme verbunden waren.

- Probleme, die er nun zu bewältigen hatte, bestanden z.B. in der Schwierigkeit, Prioritäten für die vorgeschalteten Prozesse zu setzen.
- Ein weiteres Problem war, dass die nachfolgenden Prozesse hauptsächlich große Mengen bestimmter Waren abholten.

Nach vielen Versuchen fand Ohno schließlich die Lösung dieser Probleme. Diese war die Planung einer ausbalancierten Produktion im Produktionsmix, ohne die das Supermarktsystem nicht ausreichend funktionieren konnte. Doch leider konnte diese Idee nur theoretisch, verbunden mit einem großen Lagerbestand, funktionieren. In der Praxis scheiterte die Idee, da mit großen Lagerbeständen auch wieder eine Art Verschwendung verbunden war, die es aber zu vermeiden galt.

Zu den Aufgabenbereichen von Kanban zählen die **Produktionssteigerung** und die **Prozessoptimierung**. Die Aufgabe der Prozessoptimierung ist es, anhand von Kanban Verbesserungsmaßnahmen in der Fabrik – z.B. anhand einer Verringerung der Lagerbestände durch eine Reduzierung der Kanban-Karten – zu erzielen. Die Aufgabe der Produktionssteuerung ist es, die verschiedenen Prozesse miteinander zu verknüpfen und ein Just-in-Time-System zu entwickeln, so dass das gewünschte Material in gewünschter Menge und zum gewünschten Zeitpunkt eintrifft. Dieses sollte durchgängig geschehen und wenn möglich auch unter Einbezug der Fabriken der Lieferanten.

Damit die Kanban-Methode wirksam in Fabriken angewendet werden kann, bedarf es einer zweckmäßigen Anwendung. Vergleichbar ist dies mit einem richtigen Umgang von Werkzeugen. Setzt man es falsch ein, kann es großen Schaden anrichten.

Damit Kanban vollständig angewendet werden kann, kommen folgende Regeln zum Tragen:

[1] Die erste Regel betrifft den Transport. Dabei sollten nachgeschaltete Prozesse die Planung einer ausbalancierten Produktion im Produktionsmix befolgen. Transporte sollten in kurzen Zeitabschnitten erfolgen, so dass die Produktionsprozesse enger miteinander verbunden werden.

[2] Die zweite Regel betrifft die Produktion. Um hier die Anforderungen zu erfüllen, sollten die vorgeschalteten Prozesse in der Lage sein, alle Produktionsanweisungen ohne Verzögerungen auszuführen. Produkte oder Waren sollen immer in der Reihenfolge produziert werden, in der die Kanbankarten eintreffen. Damit ist gewährleistet, dass der Fertigungsfluss gleichmäßig bleibt.

[3] Die dritte Regel bezieht sich auf die Verschwendung durch Überproduktion und übermäßigen Transport. Werden jedoch die ersten beiden Regeln befolgt, ergibt sich daraus auch die dritte Regel.

[4] Die vierte Regel ist die der visuellen Kontrolle. Die Kanban-Karten übermitteln alle wichtigen Informationen für die Produktion. Die Produktionskarten enthalten beispielsweise Informationen über Produktionsmengen und Fertigungsverfahren. Hingegen enthalten Transportkarten Informationen über die zu transportierende Menge, Zeit, der Transportmethode, dem Bestimmungsort und Behältertyp. Damit eine einfache Übermittlung der Informationen gewährleistet ist und damit auch eine Verschwendung durch Überproduktion

vermieden bleibt, werden die Kanbankarten an den Behältern befestigt. Da die Informationen über Produktion und Transport die Mitarbeiter genau zu dem Zeitpunkt erreichen, zudem diese gemäß der Kanbankarten die Arbeit ausführen sollen, kommt es zu keiner unnötigen Papierarbeit oder Informationsverarbeitung. Daraus ergibt sich eine Zeitersparnis durch die Vermeidung von Verwaltungsarbeiten.

[5] Bei der fünften Regel sollte das Fertigungspersonal gewährleisten, dass nur Teile mit 100% Qualität in den Behälter kommen. Sobald ein Defekt auftritt, sollte die Linie gestoppt werden, damit entsprechende Gegenmaßnahmen ergriffen werden, und damit kein fehlerhaftes Teil, Material oder Zwischenprodukt an nachfolgende Arbeitsprozesse gelangen.

[6] Die sechste Regel bezieht sich auf die Verbesserungsmaßnahmen von Kanban in Bezug auf das Aufdecken von Problembereichen. Demnach sollte es zu einer Verringerung der Anzahl an Kanban-Karten kommen, um Prozesse stärker miteinander zu verbinden, um Verschwendungen herauszustellen und um Verbesserungen durchzuführen.

Zusammenfassend kann gesagt werden,

- dass Kanban ein Hilfsmittel ist, wodurch Arbeitsvorgänge miteinander verknüpft werden können.
- Kanban ist außerdem hilfreich, um Überproduktionen zu vermeiden, da die benötigten Teile oder Waren zum richtigen Zeitpunkt und in erforderlicher Menge produziert werden.
- Kanban bedeutet nicht Just-in-Time-Produktion oder System zur Lagerkontrolle.
- Kanban dient lediglich als Werkzeug zur Fertigungssteuerung und unterstützt die Just-in-Time-Produktionsaktivitäten.

Kanban kann nur hilfreich angewandt werden und funktionieren, wenn eine Kombination mit anderen Just-in-Time-Elementen, wie die der guten Arbeitsplatzorganisation, der Fließfertigung und einer ausbalancierten Produktion im Produktionsmix, gegeben sind.

6.2 Zum Transport

Mit Hilfe von Förderbändern und Transportvorrichtungen lassen sich die einzelnen Produktionsbereiche miteinander verbinden. Im Gegensatz zu der Technik des Informationssystems Kanban, das unterschiedliche Aktivitäten miteinander verbindet, mit dem Ziel Verschwendungen zu vermeiden, geht es hierbei um die technische Ausrüstung einer Fabrik. Der Transport gilt sowohl als Unterstützung als auch Ergänzung für alle Methoden und Verfahren innerhalb eines Produktionsbetriebes. Häufig ist der Transport in Form von außerbetrieblichen Verkehrsmitteln beziehungsweise innerbetrieblich in Form eines Förderbandes gegeben, womit Materialen von einem Ort zum nächsten transportiert werden. Dabei wird oftmals angenommen, dass, wenn bestimmte Systeme einmal eingeführt sind, diese keine Veränderungen oder Optimierungen mehr bedürfen. Im Hinblick auf Transportsysteme ist dies nicht zutreffend, denn werden Veränderungen durch Produktinnovationen vorgenommen, muss automatisch eine erneute Koordination der verschiedenen Bereiche durch die Analyse und Gestaltung der Ablauforganisation vorgenommen werden. Denn gemäß der Strategie des Toyota-Produktionssystems müssen bei jedem neuen Automobil Vereinfachungen, Kombinationen und Eliminierungen der neu geplanten Ablauforganisation durch Prozessverbesserungen vorgenommen werden, um Verschwendungen aufzudecken und zu vermeiden.

Bei einem Transport von Material denkt der Mensch häufig, dass ein großer Lkw besser geeignet ist, um eine einzige Produktart zwischen zwei Orten zu transportieren. Schaut man dabei nur auf die Transportfunktion als solche, ist dies auch richtig. Dennoch hat der Transport des Weiteren die Aufgabe, zwei Unternehmen durch ein „unsichtbares Förderbandsystem“ miteinander zu verbinden. Es soll auch die Fertigung insofern unterstützen, dass große Bestände vermieden werden. Am geeignetsten ist es jedoch, einen Materialtransport zwischen mehreren Unternehmen mit gemischter Ladung vorzunehmen, damit währenddessen auch noch andere Produktionsaktivitäten ablaufen können.

In Abbildung 12 ist ein solcher Materialtransport mit gemischter Ladung im Mehrwerksverkehr dargestellt. Die Abbildung zeigt den Unterschied zwischen dem Transport mit gemischter Ladung und dem Transport zwischen zwei

Unternehmen in Form eines Pendelverkehrs, und zeigt zugleich den Vorteil auf.

Durch häufigere Lieferungen können die **Lagerbestände** in den Unternehmen des Herstellers und des Lieferanten gering gehalten werden.

Das wiederum ermöglicht eine Senkung der erforderlichen Lagerkapazität sowie der Anzahl von Paletten. Zudem ist es vorteilhaft, dass, sofern Fehler auftreten, sofortige Maßnahmen zur Schadensbegrenzung ergriffen werden können. Durch vermehrte Rückmeldungen und Informationsweitergaben des Folgeprozesses verringert sich die Wahrscheinlichkeit, dass der vorgeschaltete Prozess unnötige oder falsche Teile herstellt. Ebenso ist es vorteilhafter, bei eventuellen Verzögerungen durch einen vorgeschalteten Prozess auf den nächsten Lkw zu warten, anstatt einen weiteren Lkw einzusetzen.

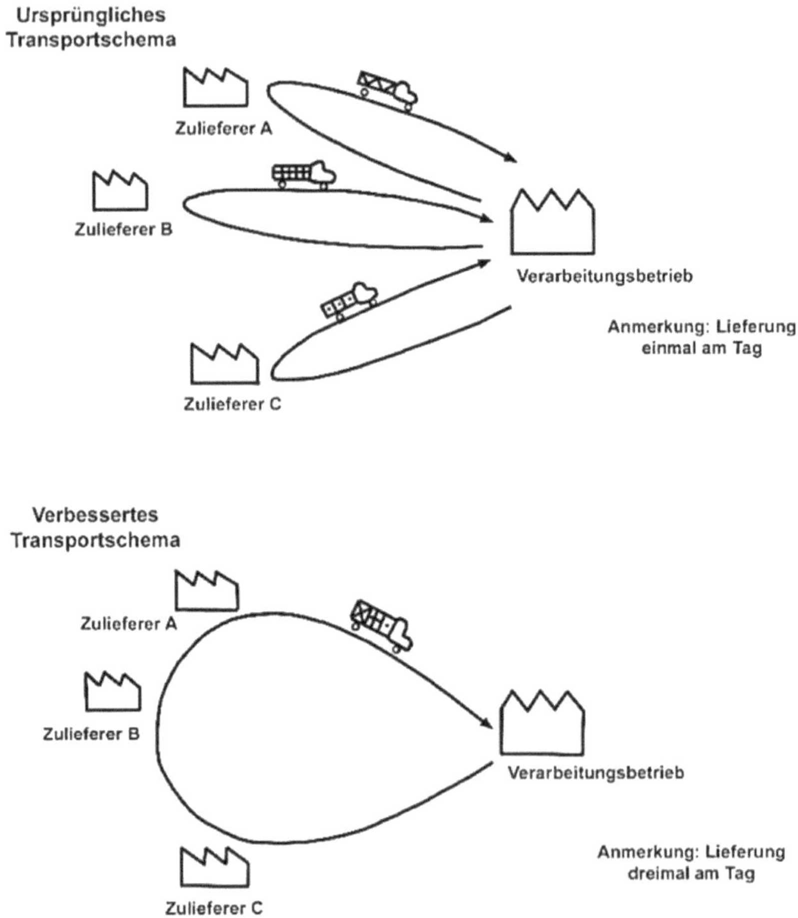

Abbildung 12: Vorteile gemischter Ladung im Mehrwerksverkehr
Quelle: Modernes Management im Produktionsbetrieb [Suzaki 1989, S. 181]

Betrachtet man die Aufgabe des Transportwesens jedoch kritisch, so müssten auch die Arbeitsprozesse des Transportpersonals in die Produktionsplanung einbezogen werden. Zur Unterstützung eines gleichmäßigen Materialflusses zwischen Lieferanten und Automobilunternehmen müsste ein Verfahren entwickelt werden, das einen häufigen Transport und eine ausgewogene Transportplanung mit minimalem Kostenaufwand ermöglicht, sonst werden die eingesparten Kosten des Automobilunternehmens auf die Lieferanten verlagert.

Kapitel 7

Weitere Organisationsansätze zur Vermeidung von Verschwendung und Verbesserung des Produktionsflusses

Nachdem Ansätze wie Vereinfachen, Kombinieren und Eliminieren bis hin zum Ansatz der Verknüpfung der Produktionsbereiche in Verbindung mit Kanban und schließlich dem Transport beschrieben wurden, gibt es noch andere Ansätze der Produktionsplanung und -steuerung. Ohne ausführlich auf diese einzugehen, wird nachfolgend kurz auf diese Ansätze hingewiesen.

- Eine erhöhte Produktvielfalt erfordert ein schnelles Umrüsten. Gründe dafür sind in der zunehmend industriellen Entwicklung und im Fortschritt zu sehen, und die dadurch wachsende Anzahl von Produktangeboten mit immer kürzer werdenden Produktlebenszyklen. Daher ist es nötig, die Produktionsdurchlaufzeiten, insbesondere die Rüstzeiten pro Maschine, zu verkürzen. Ebenso muss die Höhe der Umlaufbestände in den Produktions- und Transportsystemen reduziert werden.

- Ein anderer Ansatz befasst sich mit der Verbesserung des Arbeitsablaufes zur Steigerung der Produktivität. Mithilfe dieses Ansatzes lassen sich komplette Arbeitsprozesse und Arbeitsabläufe überdenken und aufgrund des Verbesserungspotenzials Verschwendungen vermeiden.
- Ein nächster Ansatz setzt sich mit der Eliminierung sämtlicher Maschinenstörungen auseinander. Dabei sind unbedingt Maßnahmen zur Instandhaltung der Maschinen zu ergreifen, damit pünktlich an den Kunden ausgeliefert werden kann.
- Durch Standardisierung lassen sich Produktionsschwankungen aufgrund ständig verändernder Situationen reduzieren. Voraussetzung hierfür ist eine ausbalancierte Produktion im Produktmix, damit es zu einer erfolgreichen Einführung eines Kanbansystems kommen kann.
- Um die Wettbewerbsfähigkeit eines Unternehmens zu erhöhen, sollte es zu einer Einbeziehung der Lieferanten kommen. Mit diesem Ansatzpunkt lassen sich Produktionsabläufe verbessern, Durchlaufzeiten verkürzen und Transportkosten optimieren.
- Stetig sollte die Mitverantwortung der Mitarbeiter im Unternehmen durch entsprechende Belohnungen geweckt werden. Je geschulter und leistungsfähiger die Beschäftigten sind, desto mehr werden diese daran interessiert sein, bei der Entwicklung gemeinsamer Zielsetzungen und der Durchführung von Verbesserungen mitzuwirken.

Abschließend ist zu sagen, dass es für keine Organisation ein allgemeingültiges „Rezept" für die Anwendung der verschiedenen Organisationsansätze gibt, um Verschwendungen zu vermeiden. Es gilt lediglich aufzuzeigen, welche unterschiedlichen Ansätze es gibt, um sie dann gegebenenfalls entsprechend den wirtschaftlichen Anforderungen im Produktionsbetrieb zu integrieren.

Kapitel 8

Vermeidung von Fehlern

Jeder Mensch kann Fehler machen, und somit ist es nur menschlich, dass auch den Produktionsmitarbeitern mitunter Fehler passieren. Mit immer größer werdenden Aufgabenbereichen und zunehmender Verantwortung in Produktionsbetrieben steigt die Wahrscheinlichkeit, dass ein Fehler übersehen wird. So kann es passieren, dass auch fehlerhafte Teile in nachfolgende Prozesse gelangen. Um dies zu verhindern, ist eine ständige Überprüfung der Produktqualität notwendig. Unter Anwendung von Techniken wie Poka-Yoke und Jidoka ist es möglich, durch technische Vorkehrungen und Einrichtungen zur Fehleraufdeckung beizutragen bzw. Fehler erst gar nicht entstehen zu lassen.

8.1 Poka-Yoke

Die Methode Poka-Yoke wurde 1961 von einem japanischen Toyota-Qualitätsingenieur erfunden.

Übersetzt bedeutet **Poka-Yoke** Vermeidung unbeabsichtigter Fehler oder aber auch narrensicherer Mechanismus. Ausgangsbasis für Poka-Yoke ist die Erkenntnis, dass kein Mensch in der Lage ist, unbeabsichtigte Fehler vollständig zu vermeiden.

Mithilfe von Poka-Yoke wird dem Arbeiter die Arbeit erleichtert, indem es Probleme, die mit Störungen zu tun haben, und Probleme, die mit Sicherheits- und Bedienungsfehlern von Prozessen zusammenhängen, beseitigt werden. Die Problembeseitigung erfolgt dabei ohne eine sonderlich große Beanspruchung der Aufmerksamkeit des Arbeiters einzuplanen. Poka-Yoke verhindert zudem Störungen und Maschinenstillstände, wenn der Arbeiter einen Fehler macht. Diese Methode ermöglicht, Fehler direkt am Entstehungsort aufzudecken und zu verhindern, so dass ein fehlerhaftes Produkt erst gar nicht in den nächsten Prozess kommt bzw. gegebenenfalls den Kunden erreicht, womit eine nahezu 100%ige Qualität gewährleistet ist. Da nun die Kontrolleure keine Zeit mehr damit verbringen müssen, selbst fehlerfreie Teile zu kontrollieren, können somit Prüfzeiten reduziert werden.

Um aus der Poka-Yoke einen vollständigen Nutzen zu ziehen, sollte es zu einer Anwendung in vielen möglichst ähnlichen Prozessen kommen. Sinnvoll ist die Anschaffung neuer Maschinen mit Poka-Yoke-Ideen und deren Berücksichtigung bei der Gestaltung neuer Arbeitsabläufe.

Ein typisches **Beispiel** zum Poka-Yoke:

Beim Zerspanungsvorgang kam es häufiger zu Flüchtigkeitsfehlern, weil Arbeiter Teile verkehrt herum in die Werkzeugmaschine einlegten. Folglich wird das Material falsch bearbeitet, was Ausschuss zur Folge hat. Zudem verkürzt sich die Lebensdauer der Werkzeuge, da diese falsch behandelt werden. Eine Sperre kann ein falsches Einlegen eines Teiles in eine Werkzeugmaschine verhindern und somit auch den Ausschuss, wenn eine entsprechende Vorrichtung an der Maschine angebracht wird. Der Arbeiter müsste nun nicht mehr unnötig darauf achten, Fehler zu vermeiden, sondern könnte sich wieder auf seine eigentliche Arbeit konzentrieren. Abbildung 13 zeigt das Beispiel bildlich.

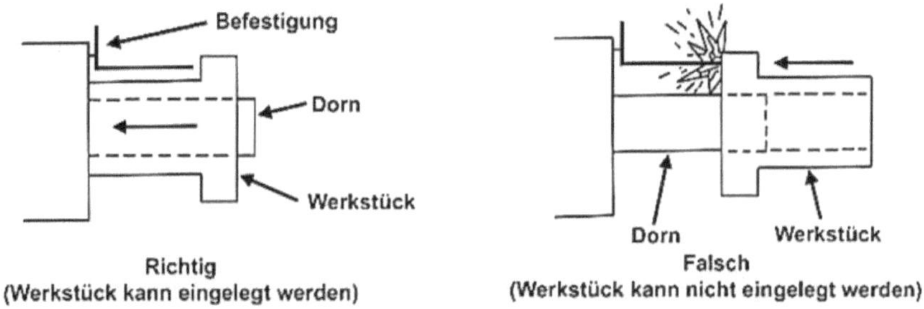

Abbildung 13: Beispiel für Poka-Yoke (narrensicherer Mechanismus)
Quelle: Modernes Management im Produktionsbetrieb [Suzaki 1989, S. 20]

8.2 Jidoka

Der Begriff Jidoka bedeutet Automation und ist eine Methode, die ebenfalls, wie Poka-Yoke, in Japan entwickelt wurde.

Jidoka bezeichnet eine intelligente Maschine, die sich von selbst abschaltet, wenn sie ein Problem an einer Maschine oder Anlage erkennt.

Das heißt: Sollte ein Problem in Form einer Abweichung oder Fehlfunktion auftauchen, ist ein frühzeitiges Erkennen wichtig, um zu verhindern, dass fehlerhafte Teile im Produktionsprozess weiterverarbeitet werden. Dieses ist zudem viel effektiver und kostengünstiger, da eine spätere Inspektion, Nachbesserung oder Reparatur infolge mangelnder Qualität nicht mehr erforderlich ist. Gerade angesichts des Toyota-Produktionssystems ist es überaus relevant, auf Anhieb Qualität zu erzielen. Der Grund sind die minimalen Lagerbestände, da es bei eventuellen Qualitätsproblemen keine Sicherheitsreserven gibt.

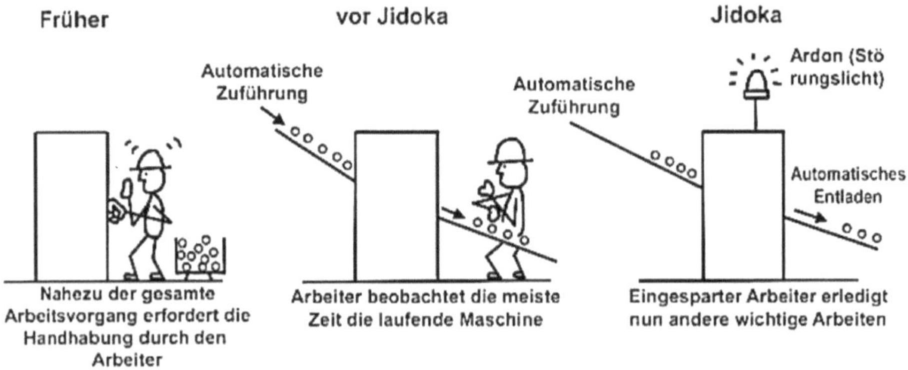

Abbildung 14: Entwicklung hin zu Jidoka (Automation)
Quelle: Modernes Management im Produktionsbetrieb [Suzaki 1989, S. 87]

Jidoka funktioniert wie folgt: Treten an der Arbeitsstation A Probleme auf, werden diese lokalisiert und sichtbar gemacht. Es kommt daraufhin zu einem Produktionsstopp an der Arbeitsstation B, womit die Störung signalisiert wird. Wenn sich die Maschinen abschalten, gehen Lichter oder andere optische Signale an, unter Begleitung akustischer Alarmsignale. Das Lichtsignal bezeichnet man dabei als *Andon*. Abbildung 14 zeigt die Entwicklung bis hin zu Jidoka.

Im Folgenden ein **Beispiel** für Jidoka.

Beim Abgraten stand ein Arbeiter untätig neben der laufenden Maschine. Damit dessen Arbeitszeit besser genutzt werden konnte, wurden einige Verbesserungen vorgenommen.

[1] Zum einen installierte man einen Tastschalter, um feststellen zu können, wann neue Blechrollen eingesetzt werden müssen. Ist die Rolle fast abgelaufen, ertönt ein akustisches Signal und ein Lichtsignal geht an, damit der Arbeiter die nächste Rolle vorbereiten kann.

[2] Zum anderen baute man in die Maschine ein Zählwerk ein, das die Anzahl der Arbeitstakte aufzeichnet. Ist die entsprechende Produktionsmenge erreicht, ertönt ebenfalls ein entsprechendes Signal.

[3] Als dritte und letzte Maßnahme wurden ein Zeittaktgeber und ein Tastschalter zur Aufzeichnung von Maschinenstörungen implementiert. Ist der Begrenzungsschalter länger eingeschaltet als für die vorgeschriebene Dauer, hält die Maschine automatisch an. Auch hierbei gibt es anschließend entsprechende Signale in Form von Licht und Akustik. Abbildung 15 zeigt das Beispiel.

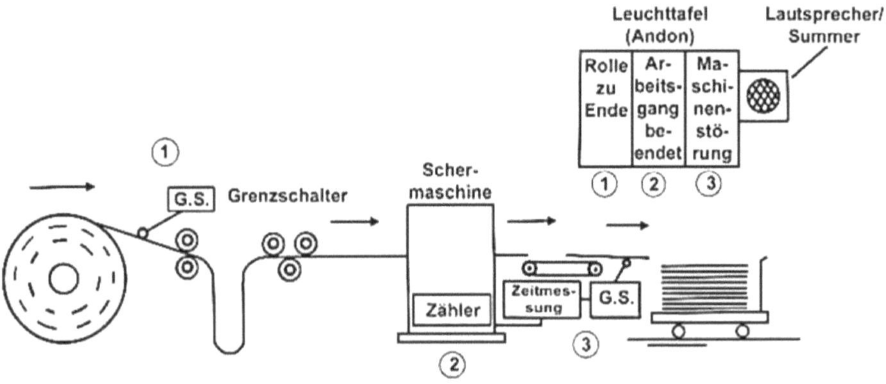

Abbildung 15: Anwendung von Jidoka beim Abscheren
Quelle: Modernes Management im Produktionsbetrieb [Suzaki 1989, S. 88]

Mit Hilfe von Techniken wie Jidoka und Poka-Yoke in Verbindung mit der eigenen **Kreativität** eines jeden Mitarbeiters gilt es, dass sich betriebliche Arbeitsvorgänge enger miteinander verbinden lassen. Der Grund hierfür ist eine verbesserte Kommunikation. Eventuell entstehende Probleme können somit direkt am Entstehungsort beseitigt werden, womit gewährleistet ist, dass ein fehlerhaftes Produkt erst gar nicht in den nächsten Prozess gelangt. Dadurch wird der gesamte Produktionsprozess schneller und effektiver. Deswegen gewannen die Techniken des Lean-Managements zunehmend an Bedeutung.

Heute erscheint es sinnvoll, die Prozesse nicht nur zu verbessern, sondern sie völlig neu zu entwerfen und zu gestalten. Eine derartige Neugestaltung von Geschäftsprozessen wird nach Hammer und Champy (1994) Business Reengineering genannt und wird in den 1990er Jahren als den nächsten Weiterentwicklungsschritt in der Ablauforganisation nach Lean Management angesehen.

Teil 2

Digitalisierung

Kapitel 9

Die Geschichte von Industrie 1.0 bis Industrie 4.0

Wenn man über Industrie 4.0 als vierte industrielle Revolution sprechen möchte, ist es sinnvoll, das Thema mit einem Blick auf die vorherigen drei Stufen zu beginnen, um zu analysieren, wie vorherige industrielle Revolutionen stattgefunden und sich gegenseitig beeinflusst haben.[1]

---

[1] Vgl. Bauernhansl, T., ten Hompel, M., Vogel-Heuser, B., Industrie 4.0 in Produktion, Automatisierung und Logistik, Springer Vieweg 2014, S. 6

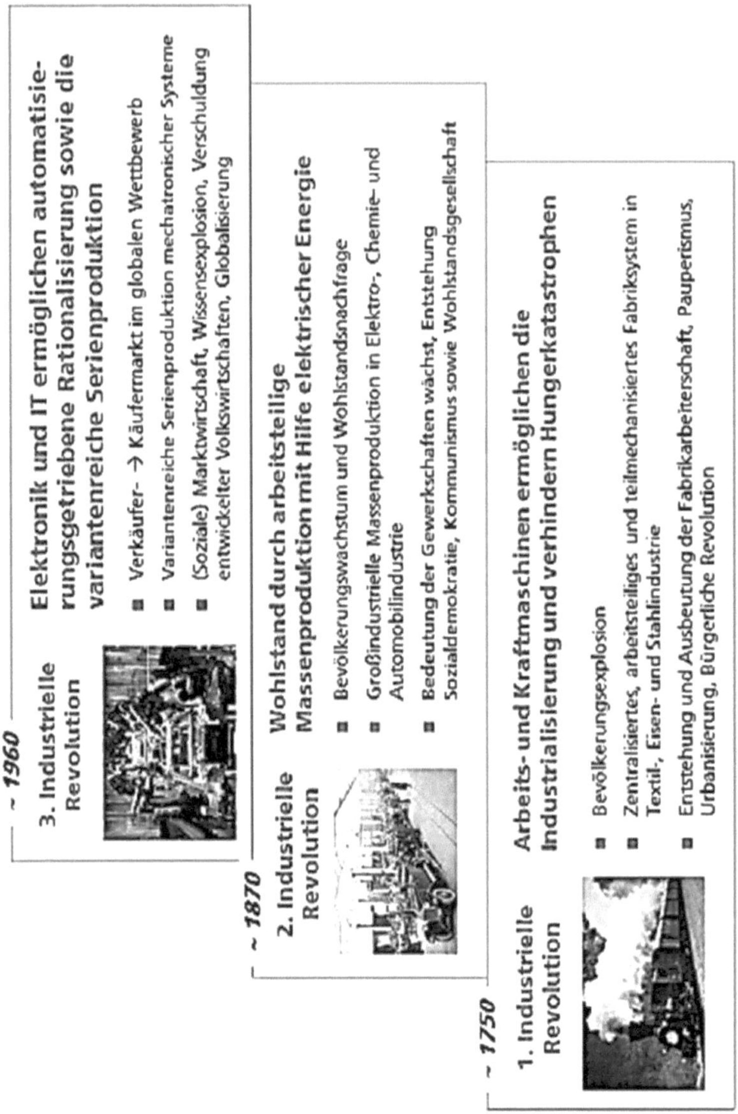

Abb. 16: Stufen der industriellen Entwicklung.
Quelle: Bauernhansl, T., ten Hompel, M., Vogel-Heuser, B.,

Industrie 4.0 in Produktion, Automatisierung und Logistik, Springer Vieweg 2014, S. 6

9.1 Entwicklung zur Industrie 1.0

Die erste industrielle Revolution begann in der zweiten Hälfte des 18. Jahrhundert in Großbritannien mit bedeutenden Erfindungen angesichts einer vorangegangenen agrarischen Revolution, die zu einem kapital- und arbeitsintensiven Bodenanbau, zur Umstrukturierung des Eigentums und zur Entwicklung eines ländlichen Proletariats von Lohnarbeitern führte.[2]

Diese Revolution von Produktion, Handel und Mentalität seit 1780 erfasste zuerst Großbritannien, dann Frankreich und Belgien und schließlich auch die Staaten des Deutschen Bundes. Der Begriff „industrielle Revolution" fand erst ab 1837 Verbreitung und wurde durch den französischen Ökonomen Adolphe Blanque geprägt.[3]

Zu den wichtigsten Erfindungen der Zeit gehören das fliegende Weberschiffchen (1733), das Spinnrad mit mehreren Spindeln (1764), die Dampfmaschine (1765), die Spinnmaschine (1769), der mechanische Webstuhl (1786) und Selfaktor-Feinspinnmaschine.[4]

---

[2] Vgl. Görtemaker, M., Deutschland im 19. Jahrhundert. Entwicklungslinien, Bonn: Bundeszentrale für Polit. Bildung, 1994, S. 151

[3] Vgl. Bremm, K.-J., Das Zeitalter der Industrialisierung, Darmstadt: Theiss, 2014, S. 12

[4] Vgl. Görtemaker, M., Deutschland im 19. Jahrhundert. Entwicklungslinien, Bonn: Bundeszentrale für Polit. Bildung, 1994, S. 151

Die Idee, dass Maschinen oder Automaten den Menschen Arbeit abnehmen oder ihn in der Warenproduktion sogar ganz ersetzen könnten, war im Zeitalter der Aufklärung populär geworden. Die fortschreitende Industrialisierung hing nicht nur von technischen Entwicklungen und ihrer systematischen Anwendung ab, sondern auch von einer Reihe Umgebungsumständen. In Deutschland waren diese vor allem eine deutliche Zunahme der Bevölkerung seit Beginn des 19. Jahrhunderts sowie die Entwicklung der Landwirtschaft, durch welche Arbeitskräfte für die Industrie freigesetzt wurden und die Vereinfachung des Güteraustausches durch die Verringerung der Zollschranken zwischen den deutschen Staaten.

Eine weitere wichtige Voraussetzung für die Industrialisierung war der Ausbau von Transportverbindungen, die einen schnellen und sicheren Transport von Waren erlaubten. Dampfschiffe und die Entwicklung der Eisenbahn waren ein Entwicklungsschritt, der das weitere Tempo der Industrialisierung diktierte.[5]

9.2 Zur 2. industriellen Revolution

Meistens wird der Beginn der zweiten industriellen Revolution auf den Zeitraum zwischen 1870 und 1914 datiert, wenn auch einige charakteristische Ereignisse schon in den 1850er Jahren stattfanden. Infolge der Veränderungen der Produktionstechnologien vermehrten sich die technologischen Systeme. Einige rudimentäre Systeme dieser Art waren bereits vor dem Jahr 1870 im Einsatz: Eisenbahn- und Telegraphennetzwerke sowie Gas-, Wasser- und Ab-

[5] Vgl. ebd., S. 155, 160

wassersysteme in Großstädten. Nach 1870 haben sie sich deutlich entwickelt, und neue Systeme wie Strom und Telefon kamen hinzu. Im Rahmen der zweiten industriellen Revolution wurde das große technologische System von einer Ausnahme zu einem Teil des Alltags. Am berühmtesten wurde von 1911 bis 1914 die Fließbandproduktion des Modells T in den Ford-Werken in der Nähe von Chicago, die auf den Ideen von Taylors „Wissenschaftlicher Betriebsführung“ beruhte.

In den 50er Jahren des 19. Jahrhunderts war das Zeitalter des Eisens vollends angebrochen. Für viele Anwendungen war allerdings das übliche, billige Schmiedeeisen dem hochwertigeren Stahl unterlegen, und so wurde die Herstellung von billigem Stahl zu einer der wichtigsten Herausforderungen. Henry Bessemer löste dieses Problem im Jahre 1856 durch sein neuartiges Verfahren zur Stahlproduktion endgültig. Das Wachstum der Stahlindustrie, die aufgrund seiner Entwicklung auftrat, wurde zum Symbol der zweiten industriellen Revolution.

Die zweite industrielle Revolution war weitgehend eine Fortsetzung und Konsequenz der ersten. Das Wissen und die Erfahrung, die in diesen Jahren hinzukamen, haben den Weg für weitere industrielle Revolutionen geebnet.[6]

9.3 Industrie 3.0

Es herrscht Uneinigkeit über die Definition von Industrie 3.0. Laut Bauernhansl begann die dritte industrielle Revolution nach dem Zweiten Weltkrieg in den frühen 1960er

---

[6] Vgl. Joel Mokyr Robert H., The Second Industrial Revolution, 1870-1914, Northwestern University 2003, S. 1-18

Jahren. In Deutschland war es die Zeit des Wirtschaftswunders. Diese Revolution wurde durch Entwicklungen im Bereich der Elektronik und später auch der Informations- und Kommunikationstechnologien verursacht, die die fortschreitende Automatisierung von Produktionsprozessen ermöglichten. So gab es auf der einen Seite eine Rationalisierung, auf der anderen wurde in der Folge die variantenreiche Serienproduktion möglich.

Während der Zeit des Übergangs von Wirtschaftswunder in die 1980er Jahre wurden viele Märkte gesättigt, da die Grundbedürfnisse einer wohlhabenden Gesellschaft erfüllt worden waren. Die Absatzmärkte wurden zu Käufermärkten. Die Waren mussten nicht nur produziert, sondern auch verkauft werden. Die Wünsche der Kunden wurden individueller und die Anforderungen an die Qualität höher. Gleichzeitig entwickelte sich die soziale Marktwirtschaft in Deutschland. Dank der Informations- und Kommunikationstechnologien und später dem Internet wurde Wissen weithin verfügbar. Nach dem Fall des Eisernen Vorhangs begann sich dann die Globalisierung ungebremst zu verbreiten. Die Zahl der Arbeitsplätze auf der ganzen Welt wuchs, und globale Verteilung von Produktion wurde zu einem Mittel der Wahl.

Während dieser dritten industriellen Revolution verlor der Anteil der Wertschöpfung am Bruttoinlandsprodukt immer mehr an Bedeutung. Wirtschaftswissenschaftler hielten es für sicher, dass aus entwickelten Volkswirtschaften Dienstleistungsgesellschaften entstehen und so die Industrie ein ähnliches Schicksal wie zuvor die Landwirtschaft erleidet, also das Versinken in der Bedeutungslosigkeit.

Nach der Finanzkrise von 2007/08 haben viele Wirtschaftswissenschaftler ihre Ansichten überdacht. Im Moment wird davon ausgegangen, dass hochentwickelte Länder einen hohen Anteil an Industrie benötigen, um erfolgreich zu sein.[7]

---

[7] Vgl. Bauernhansl, T., ten Hompel, M., Vogel-Heuser, B., Industrie 4.0 in Produktion, Automatisierung und Logistik, Springer Vieweg 2014, S. 7-8

Kapitel 10

Internet der Dinge

Heutzutage sind nicht mehr nur Computer, Tablets oder Smartphones mit dem Internet verbunden, sondern auch andere Artikel und Geräte. Deswegen wird immer mehr über das „Internet der Dinge" gesprochen. Vernetzte Geräte werden bei den Anwendern immer beliebter: Im Jahr 2016 waren weltweit mehr als vier Milliarden vernetzter Geräte im Einsatz und die Experten erwarten, dass bis 2020 die Anzahl solcher Geräte auf 13,5 Milliarden steigen wird – das wäre ein Wachstum von über 230 Prozent.[8]

Eine Schlüsselrolle im Internet der Dinge wird dem Smartphone zugeordnet, das als digitaler Assistent fungiert. Alle Informationen werden mit diesem Gerät koordiniert. Es ist ein ständiger Begleiter des Menschen und perfekt in unser tägliches Leben integriert. Die durch die Entwicklung von Smartphones vorangetriebene Miniaturisierung elektronischer Bauelemente ermöglicht es, alle Geräte, die vernetzt werden müssen, mit den kleinsten Computerkomponenten, Sensoren und WLAN-Antennen oder nur mit RFID-Tags auszustatten, wodurch eine automatische Kommunikation zwischen den Geräten ermöglicht wird.

---

[8] cards Karten cartes Heft 2, 2017, S. 28

Das **Internet der Dinge** verändert allmählich unsere Welt. Unser täglicher Einkauf beispielsweise könnte bald ganz anders aussehen: Wenn alle Produkte mit RFID-Tags ausgestattet werden, braucht ein Supermarkt kein Kassenpersonal mehr. Der Warenkorb kann dann automatisch am Ausgang des Supermarktes ausgelesen werden. Bezahlt wird automatisch via Smartphone; Technologien wie **NFC** (Near Field Communication) und andere machen das heute schon möglich.[9]

Laut einer Umfrage, die vom Marktforschungsunternehmen Forrester Research unter 3.600 Entscheidungsträgern auf der ganzen Welt durchgeführt wurde, hat jedes fünfte Unternehmen in der Welt bereits mit der Vernetzung begonnen und weitere 28 Prozent planen dies in naher Zukunft. Die höchsten Zustimmungswerte gab es bei den chinesischen Unternehmen. Die meisten Anwendungen für das Internet der Dinge werden zurzeit im Bereich der Logistik, Sicherheit und Überwachung umgesetzt. Gemäß dieser Studie sind intelligente Produkte vor allem im Gesundheitswesen und im Energiemanagement zu finden.[10]

---

[9] Vgl. Andelfinger, V.P., Hänisch, T., Internet der Dinge. Technik, Trends und Geschäftsmodelle, Springer Gabler 2015, S. 5-10

[10] Vgl. Pelino, M., Gillett, F.E., Forrester Research (2016). The Internet Of Things Heat Map, 2016: Where IoT Will Have The Biggest Impact On Digital Business, S. 4

Kapitel 11

Technologien mit Zukunftspotenzial

„Industrie 4.0 basiert auf der technischen Möglichkeit, Produkte unterschiedlichster Art, die mit digitalen Komponenten ausgerüstet und über Software steuerbar sind, mit dem Internet zu verbinden und darüber Dienstleistungen anzubieten“. Nur die Verfügbarkeit dieser technischen Basis würde nicht ausreichen, um die vierte industrielle Revolution umzusetzen. Es gibt einige Technologien, die schon seit langem verfügbar sind, aber im Kontext des Internets der Dinge und Dienste eine neue Bedeutung erlangen. Und in Kombination mit dem Einsatz dieser Technologien ist die Industrie 4.0 eine sehr reale Vision.[11]

11.1 RFID-Technologie

Die RFID-Technologie ist ein Verfahren zur automatischen Identifizierung von Objekten, bei dem Daten durch Funksignale gelesen oder geschrieben werden und in so-

---

[11] Vgl. Sendler, U., Industrie 4.0 grenzenlos, Springer Vieweg 2016, S. 41

genannten Transpondern oder RFID-Tags gespeichert werden. Informationen können mit einem kontaktlosen Lesegerät noch aus mehreren Metern Entfernung ausgelesen werden. Ein RFID-System besteht in der Regel aus drei Komponenten: einem Rechner, einem Lesegerät mit der Kopplungseinheit und RFID-Transpondern (siehe Abb. 17).

Das Lesegerät ist mit einem Computer, z.B. einem PC über eine serielle Schnittstelle oder eine Netzwerkverbindung verbunden. Es gibt zwei Arten von Geräten, die entweder nur lesen oder sowohl lesen als auch schreiben können. Die Anwendung auf dem Computer sendet Kommandos und Daten an das Lesegerät und erhält wiederum Daten vom Lesegerät zurück.[12]

Es gibt viele **Einsatzmöglichkeiten** für die RFID-Technologie, eine davon ist die Kennzeichnung und Identifizierung von Tieren. Diese Verwendung wird bei Nutztieren, Wildtieren, Zootieren und Haustieren eingesetzt. RFID ist das einzige verfügbare Autoidentifikationssystem, welches für die direkte Markierung geeignet ist, da es Umgebungsbedingungen widerstehen kann, für eine große Anzahl verschiedener Tierarten verwendbar ist und die Automatisierung von Prozessen ermöglicht.

RFID-Systeme können in fast jedem Kontext von Personenidentifizierung (z.B. bei Personalausweisen, personen-

---

[12] Vgl. Lampe, M., Flörkemeier, C., Haller, S., Einführung in die RFID-Technologie. In: Fleisch, E., Matter, F., Das Internet der Dinge. Ubiquitos Computing und RFID in der Praxis, Springer 2005, S. 70-74

gebundenen Eintrittskarten, Skipässe usw.) eingesetzt werden.

RFID-Systeme werden auch für die Verbuchung, Kontrolle und Inventur in Bibliotheken verwendet.

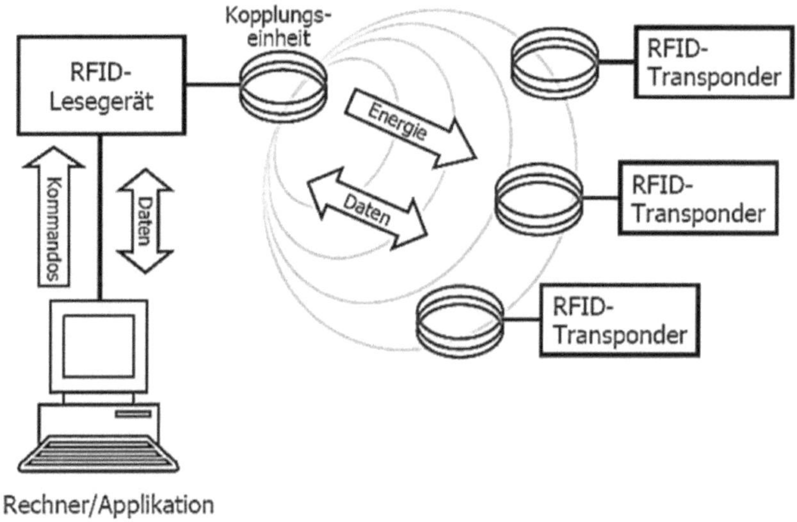

Abb. 17: Komponenten eines RFID-Systems.
Quelle: Lampe, M., Flörkemeier, C., Haller, S., Einführung in die RFID-Technologie. In: Fleisch, E., Matter, F., Das Internet der Dinge. Ubiquitos Computing und RFID in der Praxis, Springer 2005, S. 70-74

In den vergangenen Jahren wurde besonderes Augenmerk auf die Standardisierung und Optimierung von medizinischen Prozessen gelegt. Ein RFID-gestütztes Patientenidentifikationssystem ermöglicht eine effektive Erfassung und Verwaltung aller Patientendaten, kann das Zusammenspiel verschiedener Prozesse überwachen und medizinisches Personal im Fehlerfall informieren.[13]

11.2 Big Data

Wir leben im Zeitalter der Big Data. Wir erleben die radikale Erweiterung und Integration digitaler Geräte, von Netzwerken, Datenspeicherung und Berechnungssystemen. Datenerzeugung und -verbrauch werden zu einem essentiellen Bestandteil des täglichen Lebens der Menschen, vor allem mit der allgegenwärtigen Verfügbarkeit und Nutzung der Internet-Technologie und ihren Applikationen. Viele Unternehmen weltweit sammeln kontinuierlich massive Datenmengen: unter anderem über die Geschäft-Kunden-Interaktionen, den Verkauf von Produkten und die Ergebnisse von Werbekampagnen. Der Begriff Big Data wurde geprägt, um das enorme Wachstum der digitalen Datenmengen weltweit zu bezeichnen, die aus verschiedenen Quellen stammen und in vielen Formaten erzeugt werden.[14]

---

[13] Vgl. Kern, C., Anwendung von RFID-Systemen, Springer 2007, S. 95-163

[14] Vgl. Zomaya, A. Y., Sakr, S., Handbook of Big Data Technologies, Springer, 2017, S. IX

Big Data stellt folgende **Herausforderungen** an verarbeitende Systeme:

[1] große Menge (Volume),

[2] Schnelllebigkeit/Geschwindigkeit der Datenproduktion (Velocity),

[3] viele verschiedene Strukturen und Formaten auf (Variety),

[4] Richtigkeit – das Fällen von datenbasierten Entscheidungen (Veracity).

Infrastrukturen von Big Data sind Computer-Systeme, und theoretische Hintergründe von Big Data sind Informatik und Informations- und Kommunikationstechnologien.

Der Computer ist ein System, das aus vier Teilen besteht: Arithmetik-Einheiten, Datenspeichern, I/O-Interfaces und Datenlagern. Daten werden in Datenlagern gespeichert. Wenn ein Computer Prozeduren verarbeitet, werden Daten und Programme aus dem Datenlager in den Datenspeicher geladen. Die Arithmetik-Einheiten verarbeiten die Daten in den Speichern als Berechnungen aus Binärziffern. Die Ergebnisse der Verarbeitung werden den Operatoren über I/O-Interfaces angezeigt oder im Datenlager gespeichert. Datenlagerzugriffe verbrauchen fast die gesamte Zeit bei der Verarbeitung großer Datenvolumen. Die Zugriffszeiten zwischen Arithmetik-Einheiten und Speicher sind nur Nanosekunden, während die Zugriffszeiten zwischen Speicher und Datenlager im Bereich von Mikrosekunden bis Millisekunden liegen. Oder anders gesagt, liegt die Geschwindigkeit der Datenübertragung zwischen Speichern und Datenlager bei Gigabits pro Sekunde. Bei der Geschwindigkeit der Datenübertragung im

World Wide Web sprechen wir von Gigabits pro Sekunde oder hunderte Gigabits pro Sekunde. Das bedeutet, dass Speicherzugriffszeiten und Netzzugangszeiten dieselbe Größenordnung haben. Netzwerkgeschwindigkeiten erlauben uns die Durchlässigkeit von Datenzugriffen auf Netzwerke und ermöglichen erst die Verwendung von Big Data.

Infrastrukturen von Big Data bestehen aus vielen Computerknoten. Bei der Verarbeitung von Big Data mit mehr als zehntausend Knoten bedarf es spezieller Hard- und Softwaretechnologien. Google Big Data beispielsweise konstruiert Systeme, die aus etwa einer Millionen Knoten bestehen. Und Google bietet auch Big Data-Infrastrukturen an: Google File System, MapReduce, BigTable.[15]

Gemäß einer Studie von BITKOM sehen die meisten Unternehmen ein rasantes Wachstum der Datenmengen. Im Durchschnitt erhöhen vier von fünf Unternehmen (79 Prozent) ihre Speicherkapazität. Die meisten Unternehmen erkennen die Bedeutung von Big Data. Für sieben von zehn befragten Unternehmen ist dieses Thema relevant. Praktisch für alle großen Unternehmen (96 Prozent) mit mehr als 500 Mitarbeitern ist Big Data aktuell ein wichtiges Thema. Bei den kleinen und mittleren Unternehmen liegt dieser Anteil mit um die 68 Prozent etwas niedriger. 9 Prozent der Unternehmen nutzen bereits Lösungen für Big Data, 31 Prozent planen es in naher Zukunft. 28 Prozent diskutieren diese Frage, haben aber noch

---

[15] Vgl. Kinoshita, E., Mizuno, T., What is Big Data. In: García Márquez, A.Y. F.P., Lev, B., Big Data Management, Springer 2017, S. 92

keine konkreten Pläne, und ein Drittel der Unternehmen hat dieses Thema noch nicht angesprochen.

Big Data wird von den meisten Unternehmen (74 Prozent) für Marketing und Vertrieb verwendet, um beispielsweise Umsatzprognosen zu erstellen und die Preise zu optimieren. Danach folgen als Einsatzbereiche Finanzen und Controlling (44 Prozent), IT und Logistik (jeweils 33 Prozent). Ein weiteres wichtiges Anwendungsgebiet von Big Date für große Unternehmen ist Forschung und Entwicklung.[16]

11.3 Cloud Computing

Der Begriff Cloud Computing ist jetzt überall in der IT zu hören. Aber trotzdem gibt es keine klare Definition von Cloud-Technologien. Cloud Computing bezeichnet jede Möglichkeit der Verwendung von IT-Infrastrukturen, Plattformen und Anwendungen aller Art als über das Internet verfügbare Dienste.

Üblicherweise sind Cloud-Ressourcen virtualisiert: Der Benutzer hat immer die gewünschte, beliebige Ansicht auf seine Infrastruktur, so dass es keine Abhängigkeiten oder Einschränkungen gibt, die von einem bestimmten Computersystem bestimmt würden. Cloud-Services sind auch dynamisch skalierbar: Zusätzliche Ressourcen werden automatisch und ohne großen Aufwand verbunden, wenn es nötig ist. Entwickler mit innovativen Ideen für neue Internetanwendungen, die ein Unternehmen gründen möchten, brauchen so z.B. nicht mehr in teure Hardware investieren. Sie können sich auf die Verwirklichung ihrer

---

[16] Vgl. Potenziale und Einsatz von Big Data, BITKOM, 2014, S. 15-16

Geschäftsidee konzentrieren, und erhalten die benötigten Ressourcen von Cloud-Ressourcenanbietern. Steigen die Nachfrage und die Größe des neuen Unternehmens, passt sich die Infrastruktur automatisch an die wachsenden Bedürfnisse an. Cloud Computing folgt der Idee des Utility Computing. Es werden nur die aktuell benötigten Mittel bereitgestellt und auch nur für diese muss bezahlt werden. So erlangt Cloud Computing wirtschaftliche Bedeutung. Durch die flexible Bereitstellung und Nutzung von Dienstleistungen sind erhebliche Einsparungen möglich. Die verfügbaren Kapazitäten sind dabei beinahe grenzenlos.

Grundlegend kann das Konzept des Cloud Computing also folgendermaßen zusammengefasst werden: Cloud Computing nutzt Virtualisierung innerhalb eines modernes Netzwerks, um Ressourcen verschiedener Art in Form von elektronischen Diensten zur Verfügung zu stellen. Dienstleistungen sollen dabei zuverlässig und skalierbar für mehrere Benutzer nutzbar und auf Anfrage verfügbar und erweiterbar sein.[17]

Cloud-Service-Modelle können in drei Gruppen eingeteilt werden: „Software-as-a-Service“ (SaaS), „Platform-as-a-Service“ (PaaS) und „Infrastructure-as-a-Service“ (IaaS). Die Bereitstellungsmodi können in drei Gruppen eingeteilt werden: public cloud, private cloud, und hybrid cloud“.[18]

---

[17] Vgl. Baun, C., Kunze, M., Nimis, J., Tai, S., Cloud Computing. Web-basierte dynamische IT-Services, Springer 2010, S. 2

[18] Vgl. Prasad Rimal, B., Lumb, I. The rise of cloud computing in the era of emerging Networked Society. In: N. Antonopoulos, L. Gillam, Cloud Computing. Principles, System and Applications, Springer 2010, S. 5

Software as a Service (SaaS)

Die Möglichkeit, die Applikationen eines Anbieters auf einer Cloud-Infrastruktur zu nutzen. Die Anwendungen sind von verschiedenen Client-Geräten entweder über eine Thin-Client-Schnittstelle, wie beispielsweise einen Webbrowser (z.B. webbasierte E-Mail), oder eine Programmschnittstelle zugänglich. Der Verbraucher steuert oder kontrolliert dabei keine zugrundeliegende Cloud-Infrastruktur (Netzwerk, Server, Betriebssysteme, Speicher) oder individuelle Anwendungsmöglichkeiten, mit der möglichen Ausnahme von begrenzten benutzerspezifischen Anwendungskonfigurationseinstellungen.

Platform as a Service (PaaS)

Die Möglichkeit, eigene oder gekaufte Anwendungen auf die Cloud-Infrastruktur zu laden, die mithilfe von vom Anbieter zur Verfügung gestellten Programmiersprachen, Bibliotheken, Services und Werkzeugen erstellt wurden. Der Verbraucher verwaltet oder kontrolliert nicht die zugrundeliegende Cloud-Infrastruktur (Netzwerk, Server, Betriebssysteme, Speicher), hat aber die Kontrolle über die eingesetzten Anwendungen und eventuell über die Konfigurationseinstellungen für die Application-Hosting Umgebung.

Infrastructure as a Service (IaaS)

Dem Verbraucher werden Verarbeitungs-, Speicher-, Netzwerk- und andere grundlegende Rechenressourcen zur Verfügung gestellt, mit denen er in der Lage ist, jede beliebige Software zu implementieren und auszuführen, welche sowohl Betriebssysteme als auch Anwendungen beinhalten kann. Der Verbraucher verwaltet oder kontrolliert nicht die zugrundeliegende Cloud-Infrastruktur, hat aber die Kontrolle über Betriebssysteme, Speicher und eingesetzte Anwendungen. Und möglicherweise eine begrenzte Steuerung von ausgewählten Netzwerkkomponenten.[19]

Wenn das bereitstellende Unternehmen und die potenziellen Nutzer nicht derselben Organisation angehören, wird eine solche Cloud als **Public Cloud** bezeichnet. Die bereitstellenden Unternehmen gewähren Zugang zu ihrer „Wolke" und stellen meist ein Webportal für den Zugriff zur Verfügung, über welches der Benutzer die gewünschte Menge an Dienstleistungen auswählen kann.

In der privaten Cloud (auch „interne Cloud“ oder „IntraCloud“) gehören der Provider und der Benutzer der gleichen Organisation an. Sicherheitsgründe und die Möglichkeit der Datenkontrollen stellen die Hauptmotivation, der privaten Cloud den Vorzug gegenüber der Public Cloud zu geben.

Wenn die Dienste von öffentlichen und privaten Clouds zusammen verwendet werden, ist es ein Hybrid-Cloud. In der Regel sind einige der Funktionen oder Spitzenlasten auf die öffentliche Cloud übertragen, während der normale Betrieb über die privaten Ressourcen durchgeführt wird.[20]

---

[19] Vgl. Mell, P., Grance, T., The NIST Definition of Cloud Computing. Computer Security, National Institute of Standards and Technology Special Publication 800-1452011, S. 2

[20] Vgl. Baun, C., Kunze, M., Nimis, J., Tai, S., Cloud Computing. Web-basierte dynamische IT-Services, Springer 2010, S. 25

11.4 Virtuelle Realität

Virtuelle Realität bezeichnet grundlegend einen Satz von Technologien und Computer-Hardware, die verwendet werden, um eine immersive Simulation einer dreidimensionalen Umwelt zu schaffen. Die virtuelle Umgebung ist in der Regel eine Replikation einer realen Umgebung und wird über dreidimensionalen Darstellungen (wie Tiefenwahrnehmung), Töne und Instrumente wie Konsolen, um dem Benutzer Interaktion zu ermöglichen umgesetzt. Die Bewegung eines Benutzers im virtuellen Raum wird dabei entweder durch ein Kopfgerät oder mittels Bewegungserkennungssensoren verfolgt.

Virtuelle Realität wird in vielen Bereichen wie z.B. in Videospielen, im Ingenieurwesen, im Bereich der Bildung, in der psychologischen Therapie, beim E-Commerce, im Marketing und in der Kunst eingesetzt. Sowohl im Ingenieurwesen als auch in der Bereich der Bildung ermöglicht mechanische Modellierung mittels computergestützter Designsoftware (CAD) Ingenieuren und Lernenden Modelle, die sie entworfen haben, zu manipulieren und zu entwickeln, als ob sie mit einem tatsächlichen physischen Objekt arbeiten würden.[21]

---

[21] Vgl. Neelakantam, S., Pant, T., Learning Web-based Virtual Reality, Apress 2017, S. 1

Virtuelle Realität (VR) benötigt drei Dinge:

[1] Echtzeit-Rendering, das sich mit dem Blickwinkel ändert,

[2] der „realen" Raum, entweder als konkrete oder abstrakte virtuelle 3D-Umgebung, und

[3] reale Interaktion, das heißt die Möglichkeit der direkten Manipulation virtueller Objekte.[22]

Neben der Software und der Hardware, die zur Berechnung der virtuellen Szenerie verwendet werden, sind die Ausgabemedien entscheidend, um die Inhalte für den Benutzer sicht- und erlebbar zu machen. Am häufigsten werden dafür Projektoren oder Displays oder „Head Mounted Displays" (HMD) verwendet. Im Vergleich zu anderen Ausgabemedien bieten sie dem Anwender den maximalen Eintauchungsgrad. Im Vergleich zu Projektoren und breitformatigen Displays verfügen sie allerdings über die schlechteste Helligkeit und Auflösung.[23]

Die Möglichkeiten der virtuellen Realität sind sehr vielfältig und im Moment ist es schwer vorauszusagen, in welche Bereiche diese Technologie in Zukunft Anwendung finden wird. Zweifellos kann die virtuelle Realität den Bereich der Bildung radikal verändern. Z.B. werden Lerner in Zukunft die Geschichte des römischen Reiches nicht nur durch Fakten, Bilder und Filme erfahren können,

---

[22] Vgl. Steinicke, F., Being really virtual, Springer 2016, S. VIII

[23] Vgl. Rademacher, M.H., Virtual Reality in der Produktentwicklung. Instrumentarien zur Bewertung der Einsatzmöglichkeiten am Beispiel der Automobilindustrie, Springer Vieweg 2014, S. 26

sondern auch, indem sie selbst im Rahmen einer virtuellen Simulation zu einem Teil eben dieses Reiches werden. Sie können durch die Straßen des alten Roms gehen, den Senat besuchen, die Bürger im Forum Romanum beobachten und dabei zusehen, wie die Menschen Häuser errichten und darin wohnen.

VR-Technologien werden heute bereits in der chirurgischen Ausbildung eingesetzt. Dank VR-Simulation können die Studierenden das erworbene Wissen in der Praxis ohne Risiko für den realen Patienten ausprobieren und anwenden. Ein weiterer möglicher Einsatz in der Medizin ist die psychologische Behandlung von posttraumatischen Belastungsstörungen, Phobien oder Autismus. Mit Hilfe von VR-Technologien ist es möglich, eine virtuelle Welt für den Patienten zu schaffen, in der er sich wohl oder unwohl fühlt, und ihm so dabei zu helfen, seine Ängste zu bekämpfen. Bei Bauprojekten können Architekten und Kunden das Objekt in der Planungsphase visuell besichtigen. Reisebüros bieten bereits heute den Kunden an, ihr Hotel und den Strand mit einer 3D-Brille anzuschauen. Auf der Basis von BP-Technologien erscheint eine neue Generation von Filmen und Computerspielen. Auch die Kommunikation wird sich verändern. Es wird möglich sein, sich mit weit entfernt lebenden Freunden oder Verwandten im virtuellen Raum zu treffen. Aber das ist erst der Anfang. Heute ist es schwierig geworden, sich noch eine Welt ohne Internet vorzustellen, eine ähnliche Entwicklung ist schon in den kommenden Jahren für die virtuelle Realität zu erwarten.[24]

---

[24] Vgl. Stengel, O., van Looy, A., Wallaschkowski, S., Digitalzeitalter – Digitalgesellschaft. Das Ende des Industriezeitalters und der Beginn einer neuen Epoche, Springer 2017, S. 57-59

11.5 3D-Druck

3D-Drucktechnologie wurde Anfang der 1980er Jahre mit dem Ziel des Rapid Prototyping zur Analyse von Produktparametern während der Produktentwicklungsphase entwickelt, wodurch sich die Entwicklungszeit deutlich reduzierte. Der Druck von dreidimensionalen Objekten wird durch Schichten aus einem oder mehreren Materialien mittels physikalischer oder chemischer Prozesse des Schmelzens oder Erstarrens aufgebaut. Das Hauptmerkmal ist eine mehrschichtige Struktur, bei der das Objekt durch Aufbringen und Schichten des Materials auf Basis eines digitalen Modells erstellt wird – im Gegensatz zu subtraktiven Produktionsprozessen wie Bohren oder Fräsen, bei denen der Formprozess auf der Basis der mechanischen Materialentfernung erfolgt.[25]

So wird während des 3D-Drucks eine Schicht des Materials auf die andere aufgebracht, nach dem Prinzip eines Druckers, der wiederholt dieselben Buchstaben an der gleichen Stelle druckt, bis sie „aufwachsen". Aber das Drucken ist der letzte Schritt und es gibt weitere Zwischenschritte von der Idee bis zum fertigen Produkt.

Für die Ansteuerung von 3D-Druckern ist eine digitale Datei nötig, die die Schemaobjekte zum Drucken enthält. Das Objekt sollte von Fachleuten modelliert werden und den spezifischen Anforderungen des Druckers entsprechen. Nur wenn es eine optimale 3D-Datei gibt, kann das Objekt zum Drucken geschickt werden.

---

[25] Vgl. Feldmann, C., Pumpe, A., 3D-Druck – Verfahrensauswahl und Wirtschaftlichkeit. Entscheidungsunterstützung für Unternehmen, Springer Gabler 2016, S. 5

Wenn der Druckvorgang abgeschlossen ist, folgt der Nachbearbeitungsprozess. Das fertige Objekt muss gereinigt werden, alle Abstützungen müssen entfernt werden. Oft gibt es eine weitere Bearbeitung des Objekts, z.B. durch Schliff, Lackierung oder das Zusammenfügen von einzelnen Teilen.[26]

Der 3D-Druck wird in den Medien als **Teil einer neuen industriellen Revolution** beschrieben. Oft wird diese Technologie mit der ersten industriellen Revolution verglichen, die die Wirtschaft und die Gesellschaft durch die Entstehung der Massenproduktion völlig verändert hat. 3D-Druck ermöglicht es, die nächste Stufe zu erreichen: die Individualisierung der Massenproduktion.

Die Technologie des 3D-Drucks ist revolutionär, weil es jedem erlaubt, ein eigener Entwickler und Hersteller zu werden. Jede Idee kann sofort in ein gedrucktes Objekt umgewandelt werden. Dies wird mit 3D-Druckern für den Heimgebrauch möglich. Einige Experten glauben, dass das dreidimensionale Drucken den Welthandel beeinflussen könnte: Vor dem Hintergrund der Tatsache, dass die Verbraucher nun selbst Produkte durch den 3D-Druck produzieren können, erwarten diese Experten, dass die Produktionsprozesse in die jeweiligen Verbrauchsländer zurückkehren könnten.[27]

---

[26] Vgl. Hagl, R., Das 3D-Druck-Kompendium. Leitfaden für Unternehmer, Berater und Innovationstreiber, 2. Auflage, Springer Gabler 2015, S. 10

[27] Vgl. Fastermann, P., 3D-Drucken. Wie die generative Fertigungstechnik funktioniert, Springer Vieweg 2014, S. 1

Namentlich attraktiv ist der 3D-Druck für die Luft- und Raumfahrtindustrie, die Automobilindustrie und die Elektronikindustrie. Besonders diese Industrien profitieren von der Gewichtsreduzierung, wenn Teile in Wabenstrukturen mit Hohlräumen (im Gegensatz zu Spritzgussteilen) gedruckt werden. Dies führt zu einer deutlichen Reduzierung des Kraftstoffverbrauchs während des Betriebs von Endprodukten wie Flugzeugen und Autos.[28]

Die **Auswirkungen des 3D-Drucks** zeigen sich bereits in der Luftfahrt. Airbus hat bereits das erste Flugzeug aus einem 3D-Drucker produziert. Bemerkenswert ist, dass diese Produktion nicht nur zu einer Verringerung des Gewichtes von Teilen geführt hat, sondern auch zu einer Kostensenkung aufgrund der Vereinfachung des Produktionsprozesses.

Die Technologie des 3D-Drucks eröffnet den Unternehmen neue Chancen. Durch die nun mögliche Selbstproduktion von Teilen, erlaubt sie, sich aus der Abhängigkeit von Lieferanten zu befreien. 3D-Drucktechnologie ermöglicht der Industrie die Reformation der gesamten Wertschöpfungskette. Punktuelle Produktion kann Lagerkosten vermeiden. In letzter Instanz beeinflusst der 3D-Druck die Automobilindustrie positiv, stellt aber gleichzeitig eine

[28] Vgl. Feldmann, C., Pumpe, A., 3D-Druck – Verfahrensauswahl und Wirtschaftlichkeit. Entscheidungsunterstützung für Unternehmen, Springer Gabler 2016, S. 9

Bedrohung für die Lieferanten dar. Deshalb müssen sie bereits heute auf Marktveränderungen reagieren.[29]

11.6 Künstliche Intelligenz

Viele Menschen haben davon geträumt, intelligente Maschinen zu bauen, manche haben es versucht, und einige haben es geschafft: Roboter montieren Autos, Computer gewinnen gegen Großmeister im Schach. Heutzutage befindet sich künstliche Intelligenz (KI) in der Mitte der Entwicklung.

„Die moderne Definition von KI ist die Erforschung und Konstruktion intelligenter Systeme, die ihre Umwelt wahrnehmen und handeln, um ihre Erfolgschancen zu maximieren. Der Begriff KI wird auch verwendet, um eine Eigenschaft von Maschinen oder Programmen zu beschreiben: die Intelligenz, die das System zeigt“.[30]

Über die Intelligenz der Roboter (das Wort „Roboter“ kommt aus dem Tschechischen und bedeutet „Fronarbeit“) hat Isaak Asimov bereits 1942 geschrieben. Es wird aber angenommen, dass die Idee der künstlichen Intelligenz erst später, nämlich in den 1950er Jahren geboren wurde. Ebenso wurde die Idee eines Tests, der bestimmen soll, ob eine Maschine denken kann, erstmals 1950 vom britischen Mathematiker Alan Turing („Turing-Test“) formuliert. Er

---

[29] Vgl. Schmalbach, M., Das Ende der Industrie 4.0. Wie die disruptive Innovation die Wertschöpfungskette der Automobilindustrie revolutioniert. In: Ideen- und Innovationsmanagement, 02.2017, S. 47-48

[30] Vgl. Furnham, A., 50 Schlüsselideen Psychologie. Künstliche Intelligenz, Spektrum Akademischer Verlag Heidelberg 2010, S. 136

glaubte, dass über künstliche Intelligenz nur dann gesprochen werden kann, wenn eine Person, die mit einer Maschine und einem Menschen spricht, nicht unterscheiden kann, wer die Maschine und wer der Mensch ist.[31]

> Der erste, der ein Programm entwickelte, das simuliert wie ein menschlicher Psychologe antwortete, war der Computerkritiker Joseph Weizenbaum. Er nannte dieses Programm „Eliza" und in den meisten Fällen antwortete es erfolgreich. Derzeit gibt es viele so genannte Chatbots, die zu Beginn eines Gesprächs mit ihren Antworten beeindrucken können. Es wird aber bei allen nach relativ kurzer Gesprächsdauer deutlich, dass man nicht mit einem Menschen chattet. Einige dieser Programme haben tiefes Wissen in bestimmten Bereichen, und einige sind sogar fähig zu lernen.[32]

Die Hauptfrage der künstlichen Intelligenz ist, wie man eine Maschine lehrt neues Wissen zu sammeln. Solche Maschinen sind so programmiert, dass sie die Möglichkeit der sensorischen Wahrnehmung haben. Dazu gehören Beobachtungen mit Hilfe von Kameras, Hören mit Hilfe von Mikrofonen und Fühlen mit Hilfe von Sensoren sowie die Erkennung von realen Objekten. Die Entwicklung ist bereits so weit fortgeschritten, dass sie in der Lage sind, Gesichter zu erkennen. Die KI-Forschung hat auch Fort-

---

[31] Vgl. Watson, R., 50 Schlüsselideen der Zukunft. Künstliche Intelligenz, Springer-Verlag Berlin Heidelberg 2014, S. 80

[32] Vgl. Ertel, W., Grundkurs Künstliche Intelligenz. Eine praxisorientierte Einführung, Vieweg 2008, S. 6

schritte im wichtigen und komplexen Bereich der der Verarbeitung natürlicher Sprachen gemacht.[33]

Künstliche Intelligenz wird in der Regel in zwei Typen unterteilt: Starke KI und schwache KI. „Starke KI" haben Denkmaschinen. „Schwache KI" soll den menschlichen Intellekt ergänzen, übertrifft ihn aber nicht. Im Moment sind die meisten Maschinen so programmiert, dass sie aus den eingehenden Daten logische Schlussfolgerungen ziehen können. In Zukunft werden Maschinen mit starker künstlicher Intelligenz auch äußere Einflüsse wahrnehmen und darauf reagieren können.[34]

Die Hauptfragen, die auf den scheinbar offensichtliche Anforderungen an KI basieren, sind ethische Fragen. Sie sollten von den moralischen Problemen unterschieden werden, die bei der Verwendung von Computern im Allgemeinen entstehen. Dazu gehören die Gefahr des Verlustes von Privatsphäre, vor allem infolge fehlender Kontrolle über die personenbezogenen Daten, oder die Gefahren der Cyberkriminalität.[35]

Es ist die Kritik laut geworden, dass das größte Interesse an künstlicher Intelligenz von den Verteidigungsministerien und den großen Computerfirmen gezeigt wird. Jeder Schritt in der wissenschaftlichen Entwickung hat erhebliche soziale Konsequenzen. Wissen ist Macht und es ist

---

[33] Vgl. Furnham, A., 50 Schlüsselideen Psychologie. Künstliche Intelligenz, Spektrum Akademischer Verlag Heidelberg 2010, S. 138

[34] Vgl. Watson, R., 50 Schlüsselideen der Zukunft. Künstliche Intelligenz, Springer-Verlag Berlin Heidelberg 2014, S. 81

[35] Vgl. Neumaier, O., Was hat „künstliche Intelligenz" mit Ethik zu tun?, Conceptus 1994 by Academia Verlag, S. 43

wichtig, wer dieses Wissen hat und wie es benutzt wird. Auf Grundlage desselben wissenschaftlichen Fortschritts hat die Menschheit sowohl Kernenergie als auch Atomwaffen erhalten. Deshalb trägt jeder Mensch mit Wissen die Verantwortung dafür vor der ganzen Menschheit.[36]

11.7 Festo

Die Stuttgarter Firma Festo hat Roboter wie Ameisen entwickelt, die sich koordinieren, um gemeinsame Aufgaben zu erfüllen.[37]

Um BionicANTs zu schaffen, nahm Festo als Vorlage die filigrane Anatomie einer natürlichen Ameise. Mit Hilfe von komplexen Kontrollalgorithmen wurde das Prinzip des kooperativen Verhaltens von Tieren erstmals bei der Schaffung von Technologien angewendet. BionicANTs kommunizieren miteinander und koordinieren ihre Handlungen und Bewegungen. So zeigen künstliche Ameisen, wie autonome Einzelkomponenten komplexe Probleme als vernetztes Gesamtsystem lösen können.[38]

Mit Hilfe von Funkkommunikation informiert eine Roboameisen die anderen über ihren Standort, und dass sie eine Ladung gefunden hat und Hilfe braucht. Es ist wich-

---

[36] Vgl. Furnham, A., 50 Schlüsselideen Psychologie. Künstliche Intelligenz, Spektrum Akademischer Verlag Heidelberg 2010, S. 138

[37] Vgl. Pluta, W. Festo. Ameisenroboter krabbeln koordiniert, 15.04.2015, abgerufen unter: https://www.golem.de/news/festo-ameisenroboter-krabbeln-koordi niert-1504-113526.html,[14.07.2017]

[38] Vgl. Festo, abgerufen unter: https://www.festo.com/group/de/cms/10157.htm [14.07.2017]

tig, dass der Roboter zunächst selbst verstanden hat, wo er sich befindet; dafür ist er mit allen möglichen Sensoren ausgestattet. In seinem Kopf ist eine Kamera, die ein dreidimensionales Bild aufnimmt. Die Bewegung des Roboters auf dem Boden wird durch optische Sensoren aufgezeichnet. Der Bauch arbeitet nach dem Prinzip einer optischen Maus. Darüber hinaus gibt es einen Kompass und ein Magnetometer. Roboameisen arbeiten völlig autonom. Die Datenverarbeitung erfolgt im Roboter selbst. Die Lithium-Polymer-Batterie im Mittelkörper-Segment versorgt den Roboter mit Strom.[39]

Solche Roboter eröffnen neue Möglichkeiten für die Verwirklichung der Idee einer intelligenten Fabrik. Die Basis zukünftiger Produktionssysteme sind intelligente Komponenten, die sich flexibel an unterschiedliche Produktionsszenarien anpassen und die Steuerung übernehmen.[40]

---

[39] Vgl. Pluta, W. Festo. Ameisenroboter krabbeln koordiniert, 15.04.2015, abgerufen unter: https://www.golem.de/news/festo-ameisenroboter-krabbeln-koordi niert-1504-113526.html,[14.07.2017]

[40] Vgl. Festo, abgerufen unter: https://www.festo.com/group/de/cms/10157.htm [14.07.2017]

11.8 Boston Dynamics

ATLAS ist ein starker Roboter in Form eines erwachsenen Menschen. Er bewegt sich mit einer Vielzahl von lebensechtem und natürlichem Verhalten, einschließlich dynamisch-ausgeglichenem Wandern, Calisthenics, Manipulation von Objekten und Ausführung von benutzerprogrammierten Aufgaben.[41]

„Er ist 1,80 Meter groß und wiegt 150 Kilogramm. Er wurde im Jahr 2013 der Öffentlichkeit vorgestellt. Er soll in Katastrophenfällen eingesetzt werden, wenn es für Menschen zu gefährlich ist. Atlas besitzt vier hydraulisch bewegte Gliedmaßen mit insgesamt 28 Freiheitsgraden“.[42]

Der erste Atlas funktionierte mit einem Stromkabel. Später wurde er modifiziert und mit einer Batterie ausgestattet, die den hydraulischen Antrieb in Betrieb setzt. Durch einen in den Kopf des Roboters integrierten WLAN-Router wird eine drahtlose Kommunikation ermöglicht. Der Atlas wird von drei Computern gesteuert, die die Aufgaben planen und Sensordaten verarbeiten. Kameras in den Augen des Roboters erlauben dem Personal besser zu sehen, was Atlas mit den Händen macht.[43]

---

[41] Vgl. Bostondynamics, abgerufen unter: https://www.bostondynamics.com/ atlas [14.07.2017]

[42] Stengel, O., van Looy, A., Walaschkowski, S., Digitalzeitalter – Digitalgesellschaft. Das Ende des Industriezeitalters und der Beginn einer neuen Epoche, Springer VS 2017, S. 98

[43] Vgl. Pluta, W., Boston Dynamics. Humanioder Roboter Atlas geht jetzt ohne Kabel, 21.01.2015 abgerufen unter: https://www.golem.de/news/boston-dynamics-humanoider-roboter-atlas-geht-jetzt-ohne-kabel-1501-111838.html [14.07.2017]

11.9 Hanson Robotics

Hanson Robotics entwickelt sehr menschlich wirkende Roboter, die mit bemerkenswerter Ausdruckskraft und Interaktivität ausgestattet sind. Sie sind in der Lage, eine vollständige Palette von Mimik zu simulieren, so dass sie mit den Menschen tief und emotional interagieren können. Die fortschrittliche KI-Software befähigt diese Roboter, die Sprache zu verstehen, natürliche Gespräche zu führen, zu sehen und auf Gesichtsausdrücke zu reagieren. Die Roboter von Hanson Robotics präsentieren sich als animierte Charaktere mit liebenswerten Persönlichkeiten, die mit Menschen in ihrer ganz eigenen einzigartigen Weisen interagieren.

BINA48 ist ein humanoider Roboter, der aus einem Kopf und Schultern besteht. BINA48 wurde von Hanson Robots entwickelt und im Jahr 2010 veröffentlicht. Der Roboter wurde Bina Aspen nachgebildet. In mehr als hundert Stunden wurden dabei alle ihre Erinnerungen, Gefühle und Überzeugungen zusammengestellt. BINA48 spricht mit anderen Menschen unter anderem über die Persönlichkeitsveränderungen ihres Bruders nach seiner Rückkehr aus dem Vietnamkrieg.

Ein anderer Roboter von Hanson Robotics heißt Sophia. Entworfen, um wie Audrey Hepburn auszusehen, verkörpert Sophia Hepburns klassische Schönheit: Porzellanhaut, schlanke Nase, hohe Wangenknochen, faszinierendes Lächeln und tief ausdrucksvolle Augen, die mit dem Licht die Farbe ändern. Sophia ist der letzte und modernste Roboter von Hanson Robotics. Sie hat schon zahlreiche Interviews in mehreren Medien gegeben, auf einem Konzert gesungen und sogar das Cover einer der Top-Modezeitschriften geziert. Eines ihrer Interviews hat Milliarden

Klicks und Social Media-Interaktionen erzeugt. Sie hat auch ihr Potenzial in der Geschäftswelt gezeigt, indem sie sich mit den wichtigsten Entscheidungsträgern verschiedener Branchen, darunter Banken, Versicherungen, Automobilhersteller, Immobilienentwickler, Medien und Unterhaltung getroffen hat. Darüber hinaus ist sie als Mitglied und Moderatorin auf High-Level-Konferenzen auf dem Podium erschienen und hat darüber berichtet, wie Robotik und künstliche Intelligenz ein weit verbreiteter Teil des menschlichen Lebens werden wird.[44]

---

[44] Vgl. Hansonrobotics, abgerufen unter: http://www.hansonrobotics.com/ [14.07.2017]

Literatur zu Teil 1

Albat, Jens (2012): Ursprung von Lean Manufacturing, http:// www. lean-management. biz/2.html, Abruf: 11. Okt. 2012

Gaitanides, M. (1983): Prozeßorganisation, Entwicklung, Ansätze und Programme prozeßorientierter Organisationsgestaltung. Vahlen-Verlag, München

Hammer, Michael/Champy, James (1994): Business Reenginering – Die Radikalkur für das Unternehmen, 3. Aufl., Campus-Verlag, Frankfurt am Main, New York

Hansmann, Karl-Werner (2006): Industrielles Management. 8. Aufl., Oldenbourg-Verlag, München

Kosiol, Erich (1962): Organisation der Unternehmung. Gabler-Verlag, Wiesbaden

Liker, Jeffrey K. (2008): Der Toyota-Weg: 14 Managementprinzipien des weltweit erfolgreichsten Automobilkonzerns, 5. Aufl., Finanzbuch-Verlag, München

Nordsieck, Fritz (1934): Grundlagen der Organisationslehre, Stuttgart

Oess, Attila (1989): Total Quality Management. Die Qualität des Qualitäts-Managements. Gabler-Verlag, Wiesbaden

Ohno, Taiichi (1993): Das Toyota-Produktionssystem. Campus-Verlag, Frankfurt am Main, New York

Schmeisser, W./Andresen, K./Kaiser, S. (2012): Personalmanagement. UTB Basic, München

Schmeisser, W./Kirchhoff, K. (2014): Innovation und Kultur. E-Book, UTB, München

Schmeisser, W./Krimphove, D./Hartmann, M./Hentschel, C. (2013): Handbuch Innovationsmanagement. UVK Verlag, München

Schmeisser, W. (2013): Terminologische Grundlagen zum Innovationsmanagement sowie zu den Innovationstheorien, in: Schmeisser, W./Krimphove, D./Hartmann, M./Hentschel, C. (2013), a.a.O., S. 17 – 52

Schmeisser, W./Reiß, M./Rolf, A./Popp, R. (2014): Organisation. UTB Basic, München

Schulte-Zurhausen, M. (2010): Organisation, 5. Aufl., Vahlen-Verlag, München

Suzaki, Kiyoshi (1989): Modernes Management im Produktionsbetrieb, Strategien, Techniken, Fallbeispiele. Carl Hanser Verlag, München, Wien

Toyota (2012): Das Toyota Produktionssystem, http://www.tqu-group.com/ downloads/ToyotaPS.pdf, Abruf: 11. Okt. 2012.

Literatur zu Teil 2

Aichele, C., Schönberger, M., E-Business. Eine Übersicht für erfolgreiches B2B und B2C, Springer Vieweg 2016, S. 29

Albrecht, U-V., Chancen und Risiken von Gesundheits-Apps, CHARISMA, 2016, S. 51

Alt, R., Puschmann, T., Digitalisierung der Finanzindustrie, Springer Gabler 2016, S.94, 194

Andelfinger, V.P., Hänisch, T., eHealth. Wie Smartphones, Apps und Wearables die Gesundheitsversorgung verändern werden, Springer Gabler 2016, S. 27

Andelfinger, V.P., Hänisch, T., Internet der Dinge. Technik, Trends und Geschäftsmodelle, Springer Gabler 2015, S. 5-10

Anikeev, M., Банковский сектор: конкурентная среда, 17.05.2016, abgerufen unter: https://www.belrynok.by/2016/05/17/bankovskij-sektor-kon kurentnaya-sreda/ [03.08.2017]

Bankingclub, Blue Code, 31.01.2017, abgerufen unter: https://banking club.de/blue-code/ [25.05.2017]

Bartsch, M., Botzem, O., Culmsee, T., Dorschel, J., Hubertus, J., Ulbricht, C. Walter, T., Praxishandbuch Big Data, Springer 2017, S. 167

Bauernhansl, T., ten Hompel, M., Vogel-Heuser, B., Industrie 4.0 in Produktion, Automatisierung und Logistik, Springer Vieweg 2014, S. 6, 7-8, 47, 211, 223

Becker, T., Knop, C., Digitales Neuland. Warum Deutschlands Manager jetzt Revolutionäre werden. Springer Gabler 2015, S. 1, 72, 63-64, 70, 89, 90

Belarus-Bank, abgerufen unter: https://belarusbank.by/ru/press/ bank_news/31575 [27.05.2017]

Beuthner, K., Digitaler Durchblick – so nutzen Sie den Digital Workplace. In: HR Performance, 3/2017, S. 48-49

Bionik – Was ist das eigentlich?, abgerufen unter: http://education.bionik-sigma.de/fileadmin/dokumente/dokumente/Bionik-Was_ist_das.pdf [04.08.2017]

BITKOM, Potenziale und Einsatz von Big Data, 2014, S. 15-16

Blue code, abgerufen unter: https://bluecode.com/de/ [25.05.2017]

Bode, A., Wettbewerbsvorteile durch internationale Wertschöpfung. Eine empirische Untersuchung deutscher Unternehmen in China, Gabler Research 2009, S. 84, 85

Bostondynamics, abgerufen unter: https://www.bostondynamics.com/atlas [14.07.2017]

Bousonville, T., Logistik 4.0. Die digitale Transformation der Wertschöpfungskette, Springer Gabler 2017, S. 5, 20

Bremm, K.-J., Das Zeitalter der Industrialisierung, Darmstadt: Theiss, 2014, S. 12

Bruck, S. Weber, Die neue Aus- und Weiterbildung für die Industrie 4.0. Lernen 4.0. In: Arbeit und Arbeitsrecht, Mai 2017, S. 283-284

Bütler, I., Inside-Out-Angriffe. Verwundbarkeit durch eine neue Viren-Generation. In: Datenschutz und Datensicherheit 30 (2006) 10, S. 607

Chromosonic – „Chamäleon-Textilien", die ihre Farbe ändern können im Trend, abgerufen unter: http://www.trendsderzukunft.de/chromosonic-chameleon-textilien-die-ihre-farbe-aendern-koennen-im-trend/2014/05/ 12/ [05.08.2017]

de Witt, C., Sieber, A., Mobile Learning. Potenziale, Einsatzszenarien und Perspektiven des Lernens mit mobilen Endgeräten, Springer 2013, S. 14, 16-20

Doleski, O.D., Herausforderung Utility 4.0. Wie sich die Energiewirtschaft im Zeitalter der Digitalisierung verändert, Springer Vieweg 2017, S. XI

Ehlerding, S., Spielerisch Energie sparen. In: Der Tagesspiegel, 08.02.2016, abgerufen unter: http://www.tagesspiegel.de/wirtschaft/immobilien/start-ups-fuer-effizienzpreis-nominiert-spielerisch-energie-sparen/12924816.html [4. Juli 2017]

Erpenbeck, J., Sauter, S., Sauter, W., E-Learning und Blended Learning. Selbstgesteuerte Lernprozesse zum Wissensaufbau und zur Qualifizierung, Springer Gabler 2015, S. 1, 29-30

Ertel, W., Grundkurs Künstliche Intelligenz. Eine praxisorientierte Einführung, Vieweg 2008, S. 6

Everling, O., Lempka, R., Finanzdienstleister der nächsten Generation 2013, S. 8, 111

Fastermann, P., 3D-Drucken. Wie die generative Fertigungstechnik funktioniert, Springer Vieweg 2014, S. 1

Feldmann, C., Pumpe, A., 3D-Druck – Verfahrensauswahl und Wirtschaftlichkeit. Entscheidungsunterstützung für Unternehmen, Springer Gabler 2016, S. 5, 9

Festo, abgerufen unter: https://www.festo.com/group/de/cms/10157.htm [14.07.2017]

Fojcik, T. M., Proff, H., Gründe für die langsame Industrietransformation zur Elektromobilität. In: Proff, H., Fojcik, T.M., Nationale und Internationale Trends in der Mobilität. Technische und betriebswirtschaftliche Aspekte, Springer Gabler 2016, S. 10

Furnham, A., 50 Schlüsselideen Psychologie. Künstliche Intelligenz, Spektrum Akademischer Verlag Heidelberg 2010, S. 136, 138

Gabriel, C., Das private Banking ohne Berater kommt. In: Neue Zürcher Zeitung v. 03.08.2015, S. 21

Gerlach, S., Squarr, I., Methodenhandbuch für Softwareschulungen, Springer 2015, S. 99-100

Görtemaker, M., Deutschland im 19. Jahrhundert. Entwicklungslinien, Bonn: Bundeszentrale für Politische Bildung, 1994, S. 151, 155, 160

Große Holtforth, D., Schlüsselfaktoren im E-Commerce. Innovationen, Skaleneffekte, Daten und Kundenzentrierung, Springer Gabler 2017, S. 1, 4

Gruhn, V., Wolff-Marting, V., Köhler, A., Haase, C., Kresse, T., Elektronische Signaturen in modernen Geschäftsprozessen, Vieweg 2007, S. 1-7

Hagl, R., Das 3D-Druck-Kompendium. Leitfaden für Unternehmer, Berater und Innovationstreiber, 2. Auflage, Springer Gabler 2015, S. 10

Hansen, R.H., Mendling, J., Neumann, G., Wirtschaftsinformatik, 11. Aufl. De Gruyter, 2015, S. 224-225

Hansonrobotics, abgerufen unter: http://www.hansonrobotics.com/ [14.07.2017]

Hausladen, I., IT-gestützte Logistik. Systeme – Prozesse – Anwendungen. 3. Auflage, Springer Gabler 2016, S. VIII, 100-106

Heinemann, G., Der neue Mobile-Commerce. Erfolgsfaktoren und Best Practices, Springer Gabler 2012, S. 1, 3, 11-12

Hentschel, C., Gundlach, C., Nähler, H. T., TRIZ. Innovation mit System, Hanser 2010, S. 32-36, 36-39, 81-89, 92

Herb, R., Herb, T., Kohnhauser, V., TRIZ. Der systematische Weg zur Innovation, Verlag Moderne Industrie 2000, S.17, 66

Hoffmann, C. P., Lennerts, S., Schmitz, C., Stölzle, W., Uebernickel, F., Business Innovation: Das St. Galler Modell, Springer Gabler 2016 2, S. 255

Hölscher, R., Schwahn, J., Schneider, J., Göring, P., Social Trading als Alternative zur traditionellen Kapitalanlage. In: bank und markt, April 2017, S. 31

Hornung, G., Rechtliche Herausforderungen der Industrie 4.0. In Obermaier, R., Industrie 4.0 als unternehmerische Gestaltungsaufgabe, Springer 2017, S. 69-71, 74, 75

Ihring, S., Diese Mode kommt frisch aus dem 3-D-Drucker, 28.07.2015, abgerufen unter: https://www.welt.de/icon/article144416799/Diese-Mode-kommt-frisch-aus-dem-3-D-Drucker.html [04.08.2017]

Jaag, C., Bach, C., Blockchain Technology and Cryptocurrencies: Opportunities for Postal Financial Services, Swiss Economics Working Paper 0056 2016, S. 3

Joel Mokyr Robert H. Strotz, The Second Industrial Revolution, 1870-1914, Northwestern University 2003, S. 1-18

Kaufmann, T., Geschäftsmodelle in Industrie 4.0 und dem Internet der Dinge. Der Weg vom Anspruch in die Wirklichkeit, Springer Vieweg 2015, S. 3

Kern, C., Anwendung von RFID-Systemen, Springer 2007, S. 95-163

Keßler, S., Warme Kleidung statt Heizung. Nie mehr frieren dank Nano-Silber, abgerufen unter: http://www.wiwo.de/technologie/green/living/warme-kleidung-statt-heizung-nie-mehr-frieren-dank-nano-silber/13553226. html [04.08.2017]

Kinoshita, E., Mizuno, T., What is Big Data. In: García Márquez, A.Y. F.P., Lev, B., Big Data Management, Springer 2017, S. 92

Knoll, M., IT-Risikomanagement im Zeitalter der Digitalisierung, Online publiziert: 26. Januar 2017, Springer Fachmedien Wiesbaden 2017, S. 4-7

Kollmann, T., Schmidt, H., Deutschland 4.0. Wie die digitale Transformation gelingt, Springer Gabler, 2016, S. V, 96, 99, 102, 107-111, 129

Kreutzer, R.T., Praxisorientiertes Online-Marketing, Springer 2014, S. 472

KUKA, abgerufen unter: https://www.kuka.com/de-de/branchen /loesungsdatenbank/2016/07/solution-robotics-crown-paints [16.07.2017]; abgerufen unter: https://www.kuka.com/dede/technologien/mensch-roboter-kollaboration [8. Juli 2017]_

Kurlemann, Wie neue Supertextilien die Welt verändern, 27.10.2015, abgerufen unter: https://www.welt.de/wissenschaft/article148078043/Wie-neue-Supertextilien-die-Welt-veraendern.html [05.08.2017]

Lampe, M., Flörkemeier, C., Haller, S., Einführung in die RFID-Technologie. In: Fleisch, E., Matter, F., Das Internet der Dinge. Ubiquitos Computing und RFID in der Praxis, Springer 2005, S. 70-74

Lemmer, F., Banken und Start-ups: Miteinander ist fruchtbarer als Gegeneinander. In: bank und markt, April 2017, S. 19

Manzei, C., Schleupner, L. R., Industrie 4.0 im internationalen Kontext, VDE Verlag, 2016, S. 99, 199, 205

Matsche, T., So unterscheiden Sie seriöse von unseriösen Gesundheits-Apps, MDR AKTUELL (23.05.2017), abgerufen unter: http://www.mdr.de/nachrichten/ratgeber/nutzen-und-gefahren-von-gesundheits-apps-100.html [17.07.2017]

Mell, P., Grance, T., The NIST Definition of Cloud Computing. Computer Security, National Institute of Standards and Technology Special Publication 800-145, 2011, S. 2

mtbank.by, abgerufen unter: https://www.mtbank.by/private/ cards/halva [27.05.2017]; abgerufen unter: https://www.mtbank.by/private/online/denegram [27.05.2017]; abgerufen unter: https://x-card.mtbank.by/ [27.05.2017]

Müller-Terpitz, R., Sicherheit im E-Government. In: Borges, G., Schwenk, J., Daten- und Identitätsschutz in Cloud Computing, E-Government und E-Commerce, Springer 2012, S. 174-176

Nachtigall, W., Bionik als Wissenschaft. Erkennen – Abstrahieren – Umsetzen, Springer 2010, S. VII, 181

Neelakantam, S., Pant, T., Learning Web-based Virtual Reality, Apress 2017, S. 1

Neumaier, O., Was hat „künstliche Intelligenz“ mit Ethik zu tun?, Conceptus 1994 by Academia Verlag, S. 43

Pelino, M., Gillett, F.E., Forrester Research (2016). The Internet Of Things Heat Map, 2016: Where IoT Will Have The Biggest Impact On Digital Business, S. 4

Petry, M., Robo Advisor: einfache Lösungen sind gefragt. In: bank und markt, April 2017, S. 28

Petschar, S., Zavrel, J., Candidate Experience im E-Recruiting. In: Verhoeven, T., Candidate Experience. Ansätze für eine positiv erlebte Arbeitsgebermarke in Bewerbungsprozess und darüber hinaus, Springer Gabler 2016, S. 93

Pfannstiel, M.A., Da-Cruz, P., Mehlich, H., Digitale Transformation von Dienstleistungen im Gesundheitswesen. Impulse für das Management, Springer Gabler 2017, S. V

Pluta, W., Festo. Ameisenroboter krabbeln koordiniert, 15.04.2015, abgerufen unter: https://www.golem.de/news/festo-ameisenroboter-krabbeln-koordiniert-1504-113526.html,[14.07.2017]

Pluta, W., Boston Dynamics. Humanioder Roboter Atlas geht jetzt ohne Kabel, 21.01.2015 abgerufen unter: https://www.golem.de/news/boston-dynamics-humanoider-roboter-atlas-geht-jetzt-ohne-kabel-1501-111838.html [14.07.2017]

Pohl, E., Der Aufsichtsrat wird digital. In: Bankmagazin 5/2017, S. 48-49

Prasad Rimal, B., Lumb, I. The rise of cloud computing in the era of emerging Networked Society. In: N. Antonopoulos, L. Gillam, Cloud Computing. Principles, System and Applications, Springer 2010, S. 5

Rademacher, M.H., Virtual Reality in der Produktentwicklung. Instrumentarien zur Bewertung der Einsatzmöglichkeiten am Beispiel der Automobilindustrie, Springer Vieweg 2014, S. 26

Rath, B. H., Salmen, S., Recruiting im Social Web. Talentmanagement 2.0 – So begeistern Sie Netzwerker für ihre Mitmach-Unternehmen, Business Village 2012, S. 99

Reinhart, F., Schlieper, K., Kugler, M., Andre, E., Masoodian, M., Rogers, B., Fostering Energy Awareness in Residential Homes Using Mobile Devices, The University of Waikato, Working Paper 2013, S. 2, 3

Reuter, T., Das bedingungslose Grundeinkommen als liberaler Entwurf. Philosophische Argumente für mehr Gerechtigkeit, Springer 2016, S. 1

Ross, R., Transforming clothes, 20.10.2006, abgerufen unter:
https://www. technologyreview.com/s/406705/trans forming-clothes/ [04.08.2017]

Roth, A., Industrie 4.0 – Hype oder Revolution? In: Roth, A., Einführung und Umsetzung von Industrie 4.0. Grundlagen, Vorgehensmodell und Use Cases aus der Praxis, Springer Gabler 2016, S. 13

Rump, J., Eilers, S., Auf dem Weg zur Arbeit 4.0. Innovationen in HR, Springer Gabler 2017, S. 3, 5-7

Schmalbach, M., Das Ende der Industrie 4.0. Wie die disruptive Innovation die Wertschöpfungskette der Automobilindustrie revolutioniert. In: Ideen- und Innovationsmanagement, 02.2017, S. 47-48

Schmalzl, J., Die Sparkassen-Apps: dauerhafte Sichtbarkeit beim Kunden. In: bank und markt, Mai 2017, S. 17

Schmeisser, W., Krimphove, D., Hentschel, C., Hartmann, M., Handbuch Innovationsmanagement, UVK 2013, S. 161, 229

Schmiedgen, P., Innovationsmotor Croudfunding. In: Mai, M., Handbuch Innovationen, Springer 2014, S. 14, 121

Schulthess, M., Die Nutzung von Analogien im Innovationsprozess. Eine Untersuchung der Bedingungsfaktoren und Wirkungen, Springer Gabler, S. 6

Seibel, R.M.M., Kocher, K., Landsberg, P., Internet für Radiologie: Sicherheitsaspekte im Internet, Springer 2000, S. 397

Sendler, U., Industrie 4.0 grenzenlos, Springer Vieweg 2016, S. 18, 41

Siemon, D., Eckardt, L., Gamification of Teaching in Higher Education. In: S. Stieglitz, C. Lattemann, S. Robra-Bissantz, R. Zarnekow, T. Brockmann, Gamification. Using Game Elements in Serious Contexts, Springer 2017, S. 153-156

Siepmann, D., Industrie 4.0 – Struktur und Historie. In: Roth, A., Einführung und Umsetzung von Industrie 4.0. Grundlagen, Vorgehensmodell und Use Cases aus der Praxis, Springer Gabler 2016, S. 20

Simbeck, K., Malzahn, B., Schutz der Privatsphare im Internet – Eine Untersuchung auf Basis des Technology Acceptance Models. In: Barton, T., Herrmann, F., Meister, V. G., Müller, C., Seel, C., Angewandte Forschung in der Wirtschaftsinformatik. Prozesse, Technologie, Anwendungen, Systeme und Management, mana Buch 2016, S. 224

Skrabania, L., Enffi-App: Energieeffizienz meets Gamification, 20.07.2016, abgerufen unter: https://reset.org/blog/enffi-app-energieeffizienz-meets-gamification-07202016 [7. Juli 2017]

Smolinski, R., Gerdes, M., Siejka, M., Bodek, C., Innovationen und Innovationsmanagement in der Finanzbranche, Springer Gabler 2017, S. 22

Steinicke, F. Being really virtual, Springer 2016, S. VIII

Stengel, O., van Looy, A., Wallaschkowski, S., Digitalzeitalter – Digitalgesellschaft. Das Ende des Industriezeitalters und der Beginn einer neuen Epoche, Springer 2017, S. 57-59, 98

Straub, N., Kaczmarek, S., Hegmanns, T., Niehues, S., Logistik 4.0 – Logistikprozesse im Wandel. In: Industrie 4.0 Management 33 (2017) 2, S. 48, 49

t3n, Kwitt: Sparkassen-App erlaubt jetzt einfachen Geldtransfer, 28.11.2016, abgerufen unter: http://t3n.de/news/kwitt-sparkassen-app-erlaubt-771270/ [25.05.2017]

Thom, N., Zaugg, R. J., Moderne Personalentwicklung. Mitarbeiterpotenziale erkennen, entwickeln und fördern, Gabler 2007, S. 197

Timm, I.J., Digitalisierung und Big Data in der Medizin, MedR 2016, S. 688

TRIZ, verfügbar unter: http://triz-online.de/index.php?id=5593 [04.08.2017]

Trizland.ru, abgerufen unter: https://www.trizland.ru/methods/7/ [04.08.2017]

VERIVOX: Warum Nokia mit Smartphones gescheitert ist, abgerufen unter: https://www.verivox.de/ratgeber/warum-nokia-mit-smartphones-gescheitert-ist-101530/ [1.08.2017]

Wachenfeld, W., Winner, H., Die Freigabe des autonomen Fahrens. In: Maurer, M., Christian, J., Gerdes, Lenz, B., Winner, H., Autonomes Fahren. Technische, rechtliche und gesellschaftliche Aspekte, Springer Vieweg 2015, S. 440

Wächter, M., Mobile Strategy. Marken- und Unternehmensführung im Angesicht des Mobile Tsunami, Springer Gabler 2016, S. 172, 176

Watson, R., 50 Schlüsselideen der Zukunft. Gamification, Springer-Verlag Berlin Heidelberg 2014, S. 76, 80, 81

Weitert, C., Wettbewerbsimplikationen technologischen Wandels. Eine simulationsbasierte Untersuchung der Anpassungsfähigkeit von Unternehmen, Springer Gabler 2014, S. 5

Werne, J. Die Symbiose zwischen Bank und Kunde wird auf eine neue Basis gestellt. In: bank und markt, April 2017, S. 17

Wienbrugge, F., Blum, M., Digitale Transformation. Chatbots als Chance im Kundenservice. In: die bank 05/2017, S. 46

Wiesmüller, M., Plöger, S., Mercedes me: App-Anbindung für Autos jetzt auch für Android, 17.11.2015, abgerufen unter: http://www.computerbild.de/artikel/cb-News-Connected-Car-Mercedes-Me-App-Daimler-13311113.html [15.07.2017]

Wollny, V., Paul, H., Die SWOT-Analyse: Herausforderungen der Nutzung in den Sozialwissenschaften. In: Niederberger, M., Wassermann, S., Methoden der Experten- und Stakeholdereinbindung in der sozialwissenschaftlichen Forschung, Springer 2015, S. 190

Zomaya, A. Y., Sakr, S., Handbook of Big Data Technologies, Springer, 2017, S. IX

Экономика Беларуси, 5.10.2016, abgerufen unter: http://belarus-economy.by/ru/banki-finance-ru/view/kak-sistema-identifikatsii-izmenit-bankovskij-servis-146/ [27.05.2017]

Glossar

Ablauforganisation

Die Ablauforganisation (Prozessstrukturierung) ist neben der Aufbauorganisation (Potenzialstrukturierung) ein Teilgebiet der Organisationslehre. Sie umfasst alle Regeln, Modelle, Instrumente und Prinzipien zur raumzeitlichen Strukturierung von Produktions- und Informationsprozessen und dient der Lösung von Reihenfolge-, Gruppierungs- und Transportproblemen. Als Instrumente können eingesetzt werden: Arbeitspläne und Ablaufkarten, Reihenfolgematrizen, Balken- und Gantt-Diagramme, Entscheidungsmodelle, Netzplantechniken, Simulationsmodelle, Heuristiken, Prioritätsregeln und Steuerungsmodule des Supply Chain Execution Systems (SCES) (→ Advanced Planning System).

Advanced Planning System (APS)

Das APS ist ein hierarchisch differenzierter Planungs- und Steuerungsansatz, der eine Weiterentwicklung des MRP II (Manufacturing Resource Planning) und des ERP (Enterprise Resource Planning) darstellt. Im APS werden die Planungs- und Steuerungsmodule nach den Wertschöpfungsphasen (Procurement, Production, Distribution, Sales) und nach den Hierarchieebenen der Planung (Long-term, Mid-term, Short-term Planning) gegliedert und zu einem Planungssystem integriert.

Affiliate-Marketing

Hierbei handelt es sich um Partnerschaftsprogramme im Internet, bei denen ein Anbieter für jeden über einen Link zu ihm geleiteten Kunden oder sich daraus ergebender Transaktionen einen Werbekostenzuschuss oder eine Provision zahlt.

akquisitorisches Potenzial

Unter dem akquisitorischen Potenzial oder der Akquisitionskraft wird die Fähigkeit des Unternehmens zur Beschaffung von hoch qualifizierten und spezifisch ausgebildeten Mitarbeitern verstanden. Die Akquisitionskraft drückt sich in der Bekanntheit und der positiven Wahrnehmung als Arbeitgeber aus.

Aktivitätsdiagramm

Das Aktivitätsdiagramm dient der Modellierung von Geschäftsprozessen und kann sowohl für die Darstellung von technischen Rechenoperationen als auch von organisatorischen Aktivitäten genutzt werden.

Ansoff-Matrix

Die Produkt-Markt-Matrix ist eine Kombination aus gegenwärtigen und neuen Produkten und gegenwärtigen und neuen Märkten. Daraus lassen sich vier Wachstumsstrategien ableiten: Die Marktdurchdringungsstrategie will Wachstum mit gegenwärtigen Produkten auf gegenwärtigen Märkten erreichen. Bei einer Marktentwicklungsstrategie sucht das Unternehmen für die gegenwärtigen Produkte neue Märkte. Bei einer Produktenwicklungsstrategie wird versucht, Wachstum mit neuen Produkten auf den gegenwärtigen Märkten zu erlangen. Die Diversifikationsstrategie strebt Wachstum mit neuen Produkten auf neuen Märkten an.

Arbeitsplan

Ein Arbeitsplan beschreibt den Durchlauf eines Produktes vom Rohmaterial über verschiedene Arbeitsgänge und Fertigungseinrichtungen bis hin zum fertigen Produkt. Für jeden Arbeitsgang werden die Tätigkeiten in den maschinellen Einrichtungen spezifiziert und mit weiteren Informationen ergänzt, wie einzusetzendes Material, Vorgabezeiten (Bearbeitungszeiten je Stück), Soll-Rüstzeiten, Fertigungskostenstellen, Fertigungseinrichtungen, Arbeitsmittel, Prüfmittel und Vorrichtungen.

ARIS-Haus

Die fünf Beschreibungssichten Organisationssicht, Datensicht, Steuerungssicht, Funktionssicht und Leistungssicht bilden zusammen das sogenannte ARIS-Haus. Zu jeder Beschreibungssicht existieren die drei Beschreibungsebenen Fachkonzept, DV-Konzept und Implementierung.

Aufbauorganisation

Die Aufbauorganisation umfasst den Aufbau einer Verwaltung auf der Grundlage der Aufgaben. Zur Aufbauorganisation gehören die Aufgabengliederung, die Zuordnung von Aufgaben und Stellen, die Zusammenfassung von Stellen zu Organisationseinheiten (z.B. Abteilungen), die Festlegung der Beziehungen zwischen den Stellen, die Festlegung der Kompetenzen der Stelleninhaber, der Aktenplan etc.

Bedarfsplanung

Unter Bedarfsplanung versteht man in der Materialwirtschaft in der Regel die Materialbedarfsplanung (Bedarfsermittlung, Materialdisposition), die verbrauchgesteuert oder programmgesteuert durchgeführt wird.

Beschaffungsmanagement

Aufgabe des Beschaffungsmanagement ist die bedarfsgerechte und wirtschaftliche Beschaffung von zur Leistungserstellung erforderlichen Gütern.

Beschwerdemanagement

Beschwerdemanagement soll der Kundenzufriedenheit dienen und die Kundenbindung erhöhen. Unzufriedene Kunden sollen ihren Unmut nicht gegenüber Bekannten (negative Mundpropaganda) äußern, versuchsweise zu Wettbewerbern abwandern oder die Beziehung zum eigenen Unternehmen gar völlig abbrechen (verdeckte Beschwerde). Vielmehr soll darauf hingewirkt werden, dass sich Kunden offen und direkt beim Anbieter beschweren (offene Beschwerde) und mit dem Ablauf und dem Resultat ihrer Beschwerdeführung zufrieden sind.

Betriebsstoffe

Betriebsstoffe sind Wirtschaftsgüter, die der Durchführung und Inganghaltung von Produktionsprozessen dienen. Sie gehen nicht wie die Werkstoffe und Hilfsstoffe direkt in Produkte ein, sondern nur indirekt über diverse Anlagen. Damit haben sie nur einen mittelbaren Bezug zu Produkten und zur Produktion.

Business Process Reengineering (BPR)

BPR ist eine systematische, konsequente Vorgehensweise zur prozessorientierten Neu- oder Umgestaltung einer Organisation. BPR analysiert die Ablauf- und Aufbauorganisation der Unternehmen im Hinblick auf ihre Orientierung an Geschäftsprozessen und führt bei erkannten Defiten oder Verbesserungspotenzialen Maßnahmen der organisatorischen Umgestaltung durch. BPR gilt (im Gegensatz zu Kontinuierlichen Verbesserungsprozessen KVP) in seiner Konsequenz als eher radikaler Ansatz.

Businessplan

Ein Businessplan ist ein zum Zeitpunkt der Unternehmensgründung schriftlich fixiertes Unternehmenskonzept in Form von Planzahlen für die nächsten drei bis fünf Jahre. Der Businessplan bildet die Ziele, die Strategie sowie die einzelnen Schritte zur Strategieimplementierung, insbesondere die erforderlichen personellen und finanziellen Ressourcen ab.

Business-to-Business (B2B)

Der Business-to-Business-(B2B)-Begriff bezieht sich auf die Betrachtung von Organisationen als Nachfrager und nicht auf einzelne Konsumenten.

Business-to-Consumer (B2C)

Unter Business-to-Consumer (B2C) werden alle Austauschprozesse verstanden, bei denen einem Unternehmen als Anbieter einer Leistung auf dem Markt der Endverbraucher als Nachfrager der Leistung gegenübersteht.

Change Management

Man kann vier Perspektiven des Change Managements unterscheiden, wozu jeweils eine Organisationsanalyse und separate Gestaltungsempfehlungen gehören. Die vier Arten des Change Managements sind der Organisatorische Wandel bzw. der strukturelle Wandel, der verhaltenswissenschaftliche Change Management-Ansatz, der politisch-konfliktorientierte Change Management-Ansatz und der symbolisch-kulturelle Change Management-Ansatz.

Corporate Social Responsibility (CSR)

Für CSR gibt es viele unterschiedliche Definitionen. Nach der CSR-Norm ISO 26000 ist das oberste Prinzip der CSR: Das Unternehmen soll die Verantwortung übernehmen für die Folgen seines Entscheidens und Handelns auf die Gesellschaft und die Umwelt. Das wird präzisiert in weiteren Prinzipien, die bspw. fordern, das Unternehmen soll die Menschenrechte respektieren, gesetzestreu handeln und die Interessen der Stakeholder berücksichtigen. CSR meint demnach nichts anderes als Unternehmensverantwortung, ist aber der in der Praxis geläufigere Terminus. CR wird meist synonym zu CSR verwendet. Das „S“ wegzulassen kann dem Missverständnis vorbeugen, es ginge nur um „soziale“ Verantwortung, womit wiederum oft die Verantwortung gegenüber den Mitarbeitern assoziiert wird. CR gilt teilweise aber auch als übergeordnetes Konzept. Zur CR gehören dann CSR, Corporate Citizenship und Corporate Governance.

Data Mining

Data Mining bezeichnet die Identifizierung und Beschreibung von Datenmustern aus vorliegenden Datenbeständen. Solche Datenmuster stellen eine Teilmenge von Daten aus dem Datenbestand dar. Dabei wird zwischen Supervised Data Mining und Unsupervised Data Mining unterschieden, je nachdem, ob bereits Ziel- bzw. Suchkriterien vorliegen oder nicht. Im Gegensatz zu Decision-Support-Systemen ist das Data Mining eine entdeckungsgetriebene Vorgehensweise. Es wird versucht, entscheidungsrelevante Informationen ohne vorgefertigte Vorstellungen aufzuspüren.

DIN-Norm

DIN ist die Abkürzung für Deutsches Institut für Normung. Das DIN e. V. ist die für die Normungsarbeit zuständige Institution in Deutschland und erarbeitet u. a. die DIN-Normen.

Distributionspolitik

Hierbei handelt es sich um die Einkommensverteilungspolitik in einer Volkswirtschaft. Die Primärverteilung durch Marktprozesse soll nach Redistribution durch den Staat als Sekundärverteilung an sich einerseits bestimmten Gerechtigkeitsüberlegungen genügen und Anreize zur Teilnahme am Produktionsprozess setzen, andererseits aber auch ein menschenwürdiges Dasein aller Bürger gewährleisten. Die tatsächliche Distributionspolitik wird oft von Partialinteressen gesteuert.

Diversity Management

Hierbei handelt es sich um Management und Führungsaufgaben, welche alle Maßnahmen beinhaltet, die darauf gerichtet sind, Diversity/Diversität als einen besonderen Wert zu begreifen und das damit verbundene Potenzial für den Erfolg der Organisation zu nutzen.

Downsizing

Downsizing bedeutet Personalabbau in einer Organisation aus ökonomisch motivierten Gründen im Sinne einer Steigerung der Effizienz. Diese Gesundschrumpfung ist nicht mit einer Entlassung gleichzusetzen, da die Leistungsfähigkeit erhalten bleibt oder gar verbessert wird.

Due Diligence

Hierbei handelt es sich um die detaillierte Untersuchung, Prüfung und Bewertung eines potenziellen Beteiligungsunternehmens als Grundlage für die Investitionsentscheidung.

Economies of scale

Im Fall von economies of scale – auch steigende Skalenerträge genannt – führt eine Verdoppelung aller Produktionsfaktoren dazu, dass sich die Produktionsmenge mehr als verdoppelt. Economies of scale bedeuten daher sinkende Grenz- und Durchschnittskosten und sind eine produktionstechnologische Ursache für das Entstehen eines Monopols.

Economies of scope

Economies of scope (scope engl.: Tätigkeitsbereich) entstehen bei mehrfacher Nutzung von Erfahrung. Dabei findet eine Übertragung von Kernkompetenzen auf andere Bereiche statt. Beispiel: Ein Hersteller von Kohlekraftwerken erweitert seine Produktpalette um Fotovoltaik-Kraftwerke. Die praktische Bedeutung der Economies of scope liegt in der horizontalen Diversifikation.

eCRM

Hierbei handelt es sich um Beziehungsmarketing – speziell adaptiert auf den Online-Bereich.

Electronic Data Interchange (EDI)

Electronic Data Interchange (EDI) steht für den elektronischen Datenaustausch zwischen Hersteller und Handel z.B. bei Bestellungen oder Abrechnungen.

Enterprise Wide Information Management

Das Enterprise Wide Information Management-Modell dient der Analyse des Zusammenwirkens von Geschäftsmodell und IT aus strategischer und operativer Sicht.

E-Procurement

Mit E-Procurement wird die elektronische Beschaffung im Business-to-Business-(B2B)-Bereich des E-Commerce bezeichnet. Die Beschaffungsprozesse können sich auf Güter wie auch auf Dienstleistungen beziehen und werden häufig mit Hilfe des Internets abgewickelt.

Erfindung

Eine Erfindung ist die Kreierung eines qualitativ neuartigen, technischen Sachsystems, auf der Grundlage der Naturwissenschaften, das idealweise die technische Entwicklung im Sinne der technischen Ontogenese voranbringt. Die Basis der Erfindung ist das wissensbasierte Humankapital des Erfinders. Erfindungen können patentfähig sein und zu einer Innovation in einem Unternehmen führen.

Ethik

Hierbei handelt es sich um die Reflexion der eigenen Grundwerte und Einstellungen zu anderen, um eine Basis zum Entdecken neuer Werte (Ziele) zu bekommen, insbesondere aber deren Rangfolge im eigenen Leben zu definieren. Daraus entwickeln sich neue Weisen des Miteinander-Umgehens. Auch der umgekehrte Weg kommt vor. Aus neuen Verhaltensweisen befestigen sich neue innere Einstellungen. Letzteres allerdings nur, wenn die Bereitschaft dazu voran geht.

ethisches Verhalten

Bezogen auf Führungskräfte und Organisationen bezeichnet ethisches Verhalten die Durchführung von (unternehmerischen) Tätigkeiten im Einklang mit allgemein akzeptierten Normen und Werten.

Faktormobilität, internationale

Eine internationale Faktormobilität liegt vor, wenn Produktionsfaktoren wie Arbeit und Kapital über Ländergrenzen hinweg bewegt werden.

Family Business Network

Die durch die chinesische Landeskultur geprägte Unternehmensform Family Business Network bezeichnet ein Netzwerk aus kleinen Familienunternehmen mit autoritärem Familienoberhaupt und spezialisiertem Tätigkeitsbereich, die sich im Besitz von miteinander verwandten Auslandschinesen befinden. Im Vergleich zum japanischen Keiretsu und koreanischen Chaebol ist das chinesische Family Business Network deutlich kleiner (meist weniger als zehn Mitarbeiter pro Einzelunternehmen) und deutlich weniger komplex. Family Business Networks basieren auf dem chinesischen Managementprinzip 'guanxi', welches partikularistische und eher utilitaristische Beziehungen, eine hohe Individualität sowie das Streben nach Abschottung gegenüber Externen betont.

Fertigungssteuerung

Die Fertigungssteuerung hat die Aufgabe, entsprechend der Ablaufplanung die Fertigung so zu lenken, dass die Durchlaufzeiten der Aufträge und die Leerzeiten der Maschinen minimiert werden.

Fertigungstiefe

In einer industriellen Lieferkette wird das Verhältnis von Eigenfertigung zu Fremdfertigung Fertigungstiefe genannt. Industrieunternehmen können Fertigungsvorgänge, die zur Herstellung eines absatzreifen Produkts erforderlich sind, im eigenen Betrieb ausführen (Eigenfertigung) oder in fremden Betrieben ausführen lassen (Fremdfertigung. Mengenmäßig wird die Fertigungstiefe durch den Anteil der eigen und der fremd gefertigten Fertigungsgänge am Gesamtfertigungsvolumen gemessen.

Finanzmanagement

Das Finanzmanagement dient der Absicherung der finanziellen Widerstandsfähigkeit und unterstützt damit die Strategie der Organisation. Klassischerweise beinhaltet es die methodische Definition und Realisierung der Finanzstrategie, Investitionsentscheidungen und die klassischen Finanzprozesse, welche die Nutzung und Allokation der vorhandenen finanziellen Mittel optimieren. In modernen Organisationen werden darüber hinaus noch alle finanzbezogenene Prozesse der Corporate Governance mit den internen Kontrollsystemen dazu gerechnet, womit das Finanzmanagement in erheblicher Weise zur Absicherung des nachhaltigen Unternehmenserfolgs beiträgt.

Fluktuation

Verlässt ein Arbeitnehmer die Organisation auf Dauer spricht man von Fluktuation. Die jährliche Mitarbeiterfluktuation errechnet sich aus der aufsummierten Zahl der Ein- und Austritte in einem Unternehmen im Verhältnis zur durchschnittlichen Beschäftigtenzahl.

Flussdiagramm

Das Flussdiagramm wird auch als Programmablaufplan oder Programmstrukturplan bezeichnet und dient der Modellierung von Prozessen und Zuständigkeiten.

Folgebewertung

Hierbei handelt es sich um jede Bewertung, die nach der Erstbewertung stattfindet. Zu Folgebewertung zählt Abschreibung, Impairment Loss und Neubewertung.

Führungsprozesse

Hierbei handelt es sich um eine Prozesskategorie der Prozesslandschaft. Managementprozesse gewährleisten, das Zweck und Bestimmung der Organisation etabliert wird, Ziele definiert werden und dass die Organisation mit allen von ihr verfolgten Prozessen und Aktivitäten gesetzliche, regulatorische, finanzielle sowie ihre eigenen Anforderungen und Ziele erfüllt. Üblicherweise enthalten Managementprozesse die Definition und Kommunikation der Strategie, die Steuerung der Governance, des Risikos und der Compliance sowie das Controlling und die Berichterstattung der (finanziellen) Tätigkeiten.

Gebrauchsmuster

Gebrauchsmuster ist ein gewerbliches Schutzrecht für technische Erfindungen, das neben dem Patentrecht für vor allem kleinere Erfindungen geschaffen wurde. Das Gebrauchsmuster stellt im Hinblick auf Neuheit und Erfindungsleistung geringere Anforderung als das Patent.

Geschäftsbereich

Bei der divisionalen Organisation werden auf der zweiten Hierarchieebene verschiedenartige Verrichtungen zusammengefasst, die jeweils für die Bearbeitung eines Objektes notwendig sind. Diese Verrichtungsbündel werden Organisationseinheiten zugeordnet, die als Geschäftsbereiche, Divisionen oder Sparten bezeichnet werden. Objekte können Produkte, Produktgruppen, Kunden, Kundengruppen oder Regionen sein.

Geschäftsbericht

Der Geschäftsbericht ist eine Publikation, in der ein Unternehmen den Anteilseignern, den Gläubigern, den Lieferanten, den Arbeitnehmern und der interessierten Öffentlichkeit Rechenschaft über das vergangene Geschäftsjahr ablegt.

Geschäftseinheiten

Hierbei handelt es sich um Organisationseinheiten (auch: Business Units, Sparten, Divisions), deren Aktivitäten sich auf ein Outputobjekt beziehen, das ein Geschäftsfeld definiert (z.B. Produkt, Kunden, Region, Produkt- versus Solutionsgeschäft).

Geschäftsmodell

Ein Geschäftsmodell überführt eine Produkt-Markt-Kombination bzw. ein Produktprogramm mittels einer Strategie in eine Wertschöpfungskette bzw. in ein Geschäftsprozessmanagement. Wenn dieses Geschäftsprozessmodell perfektioniert und schwer zu imitieren ist, z.B. durch permanente Innovationen, wird das Unternehmen wettbewerbsfähig und erfolgreich.

Hidden Champions

Hidden Champions sind Unternehmen, die in der Öffentlichkeit weniger bekannt, aber als globale Nischenanbieter erfolgreich sind, häufig als Weltmarktführer. Sie sind oft Innovatoren, befolgen aber eher konservative Grundsätze der Unternehmensführung.

Humankapital

Humankapital gilt als Unwort des Jahres 2005. Philologen vertreten dabei die Ansicht, dass man Menschen nicht verkaufen darf und kann (Sklaverei!?). Sie verwechseln in ihrem rigorosen, ethischen Kritizismus den „Menschenverkauf" mit dem „Arbeitsleistungsverkauf" eines Menschen. Beispielswei-

se verkaufen auch Germanisten ihre Arbeitsleistung, z.B. die Deutschstunde gegen Gehalt. Betriebswirte wollen also wissen, was das Know-how oder die Arbeitsleistung im Unternehmen wert ist (welchen Ertrag der Mitarbeiter erbringt) und welches Gehalt dafür zu bezahlen ist.
Wissensbasiertes Humankapital: Erarbeitung qualitativ neuartiges Wissen z.B. durch die Ingenieure im Forschungs- und Entwicklungsbereich eines Unternehmens, das idealerweise zu einer Erfindung einem Patent und zu einem Prototyp einer Innovation führt. Man kann auch sagen, das wissensbasiertes Humankapital durch den Kognitionsprozess bei Erfindern beschrieben werden kann: der Kognitionsprozess bei Erfindern ist durch das naturwissenschaftlich-technische Beobachten und technische Nachdenken des Erfinders geprägt, damit er dadurch seine Erkenntnisse sein naturwissenschaftlich-technischen Wissen bewahrt und zu neuen Erkenntnissen gelangt, sprich zu einem wissensbasierten Humankapital.
Technologisches Humankapital bzw. technologieorientiertes Humankapital: Überführung des wissensbasierten Humankapitals in technologisches, arbeitsteiliges Wissen der Mitarbeiter im Produktions- und Marketingbereich, um die Innovation in einem Diffusionsprozess massenhaft herzustellen und zu vermarkten. Die externe Qualifizierung der Mitarbeiter und die interne Schulung der Mitarbeiter durch Personalentwicklungsmaßnahmen dienen dazu, technische Innovationen im Industriebetrieb beherrschen zu lernen.

Insourcing

Insourcing ist das Gegenteil von Outsourcing. Nachdem Wertschöpfungsaktivitäten durch Outsourcing auf andere Unternehmen verlagert worden sind, kann es aufgrund schlechter Erfahrungen (etwa Qualitätsmängel) sinnvoll sein, diese Aktivitäten wieder ins eigene Haus zurückzuholen.

internes Kontrollsystem (IKS)

Hierbei handelt es sich um alle Institutionen, Funktionen und technischen Einrichtungen, die auf eine Einhaltung der gesetzlichen Vorschriften, Unternehmensnormen sowie betrieblichen Anweisungen und Vorgaben angelegt sind und durch Organe (Beauftragte, Revisionsabteilungen, Kontrollorgane) des Unternehmens überwacht und kontrolliert werden. Dabei gilt es auch, Abweichungen und Verantwortlichkeiten für die Abweichungen festzustellen. Die Qualität und die Ergebnisse des internen Kontrollsystems beeinflussen oft Art, Intensität und Ausmaß externer Prüfungen durch unternehmensfremde Personen (z.B. Abschlussprüfer) und Prüfungsorgane. Zum internen Kontrollsystem gehören z.B. die Anbringung von Zählwerken, Stempeluhren und Überwachungsanlagen, Bestandsprüfungen bei Material-, Fabrikate- und Stoffelager, Kassenprüfungen, Funktions- und Ablaufprüfungen, Belegprüfungen etc. Das interne Kontrollsystem wird von Innenrevisionsabteilungen aufgebaut und überwacht. Diese sind meist direkt der Unternehmensleitung unterstellt.

IT-Compliance

Die IT-Compliance beinhaltet die Identifikation, Umsetzung und Überwachung von externen Vorgaben.

IT-Governance

Hierbei handelt es sich um einen Ordnungsrahmen für die Erstellung und die Verwendung von IV-Leistungen in einer Organisation (wer darf welche IV produzieren und wer darf welche IV verwenden?). Ziel ist die optimale Informationswirtschaft für diese Organisation. Verantwortlich für IT-Governance ist der CIO.
Oftmals auch allgemeiner: Führung, d.h. Planung, Entscheidung, Kontrolle und Steuerung des IV-Bereichs. Speziell: Ausrichtung der IT auf die Geschäftstätigkeit.

IT-Service Management

Das IT-Service Management beinhaltet alle Aktivitäten, die für die Bereitstellung und Erbringung von IT-Services für interne oder externe Kunden benötigt werden.

Just-in-Time

Just-in-Time ist eine ganzheitliche Betrachtungsweise aller Material- und Informationsflüsse von der Produktion bis zum (End-)Kunden. Das Ziel ist eine nachfragesynchrone Bedarfsdeckung auf allen Stufen der Logistik-Kette.

Kanban

Kanban (jap.: Karte, Schild) ist ein dezentrales Steuerungssystem der Fertigung nach dem Hol-Prinzip (Pull-Prinzip) unter Verwendung von Steuerungskarten. Es ist in Japan für die Programmtypen der Serien- und Massenfertigung sowie für die Organisationstypen der Fließfertigung entwickelt worden.

Keiretsu

Die durch die japanische Landeskultur geprägte Unternehmensform Keiretsu bezeichnet ein komplexes Netzwerk von rechtlich und wirtschaftlich weitgehend selbstständigen Unternehmen, die auf unterschiedlichen Märkten tätig sind. Ein horizontales Keiretsu (Inter-Market-Group) besteht aus einem führenden Industrieunternehmen, einem großem Handelshaus und einer zentralen Großbank. Demgegenüber ist ein vertikales Keiretsu durch ein fokales Unternehmen gekennzeichnet, das eine Vielzahl weiterer Unternehmen entlang der Wertschöpfungskette um sich gruppiert (Production Keiretsu oder Distribution Keiretsu).
Zu den besonderen Merkmalen eines Keiretsu zählen die Größe des Netzwerks, die Varietät der Netzwerkaktoren, die hohe Beziehungsdichte des Netzwerks sowie die hohe Stabilität des Netzwerks.

Keiretsu basieren auf dem japanischen Managementprinzip ‚Wa', welches die Werte Gruppenloyalität, Konsens, Kooperation, sozialer Zusammenhalt und Vertrauen zum Inhalt hat.

Kennzahlensystem

Kennzahlensysteme verdichten mathematisch-betriebswirtschaftliche Sachverhalte in einer Kennzahlenhierarchie. Beispiele sind der Return-on-Investment oder die Berliner Balanced Scorecard.

Kernprozesse

Hierbei handelt es sich um eine Prozesskategorie der Prozesslandschaft. Kernprozesse umfassen alle direkt auf den Kunden gerichteten Prozesse, die den Kern der Geschäftstätigkeit der Organisation darstellen und über die sie sich im Wettbewerb positioniert. Kernprozesse machen die Wertschöpfungskette aus und enthalten charakteristischerweise die primären Aktivitäten nach Porter (Eingangslogistik/Wareneingang, Betrieb, Ausganslogistik/Auslieferung, Marketing, Vertrieb und Kundendienst). Erweitert um eine durchgängige Perspektive enthalten sie typischerweise auch die Aktivitäten der wesentlichen Lieferanten und Partner.

Key Performance Indicator (KPI)

Hierbei handelt es sich um Kennzahlen, anhand derer die Erreichung wesentlicher Ziele gemessen werden kann (Führungskennzahlen).

Kompetenz

1. Fähigkeiten, Fertigkeiten und andere Ressourcen einer Organisation, die ein effektives Handeln und Wertschöpfung ermöglichen.
2. Disposition eines Individuums zu einem selbstorganisierten

Handeln, welche sich insbesondere in der Bewältigung zuvor nicht bekannter, komplexer Aufgaben zeigt und entwickelt.

Kontrollgruppe

Die Kontrollgruppe ist diejenige Gruppe in einem Experiment, auf die durch die unabhängige Variable (z.B. Preis) kein Einfluss genommen wird. Die autonome Veränderung der Kontrollgruppe wird gemessen. Die Kontrollgruppe muss in ihrer Struktur mit der Experimentalgruppe identisch sein.

Korruption

Korruption (corrumpere [lat.] = bestechen, verderben) bedeutet Bestechlichkeit von Menschen in Wirtschaft und Staat. Sie ist Ausdruck von Sittenverfall und Habgier, gelegentlich auch Reaktion auf eine unzureichende wirtschaftliche Versorgung (Entlohnung) von Mitarbeitern. Transparency International definiert als Missbrauch von anvertrauter Macht zum privaten Nutzen oder Vorteil; diese Definition bezieht sich auf korrupte Praktiken sowohl im öffentlichen Sektor als auch in der Privatwirtschaft.

Kostenartenrechnung

Die Kurzfristige Erfolgrechnung umfasst die Rechnungsstufen der Kostenartenrechnung, Kostenstellenrechnung (bzw. Kostenprozessrechnung) und Kostenträgerrechnung. Der Ausgangspunkt der Erfolgsrechnung ist die Kostenartenrechnung. In ihr werden Kosten abgegrenzt (erfasst), gegliedert und zerlegt (Kostenauflösung). Ihre Gliederung kann nach verschiedenen Merkmalen vorgenommen werden, die vom verfolgten Rechnungsziel abhängen. Derartige Merkmale sind: Güterart, Verbrauchscharakter, Abhängigkeit von Kosteneinflussgrößen und Zurechenbarkeit auf Bezugsgrößen.

Kosten-Nutzen-Analyse (KNA)

Die KNA ist eine Planungstechnik, die zur Vorbereitung von Entscheidungen in der Volkswirtschaft eingesetzt werden kann.

Kostenstellenrechnung

Wichtige Teilsysteme eines Kostenrechnungssystems sind die Kostenarten-, Kostenstellen- und Kostenträgerrechnung. In der Kostenstellenrechnung werden differenzierte Kostenarten den Orten/Bezirken ihrer Entstehung zugerechnet. Ein rechnungsmäßig abgegrenzter Bezirk der Kostenerfassung und -verteilung wird Kostenstelle genannt. Die Kostenstellenrechnung wird im Betriebsabrechnungsbogen (BAB) vollzogen.

Kostenträgerrechnung

Die Kostenträgerrechnung ist eine kurzfristige Abrechnung der erstellten, materiellen und immateriellen Güter eines Unternehmens. Sie umfasst neben der Kostenabrechnung auch die Erlösabrechnung der genannten Güter. Die Kostenträgerrechnung wird in eine Kostenträgerstückrechnung (Kalkulation) und in eine Kostenträgerzeitrechnung (Kurzfristige Erfolgsrechnung) gegliedert.

Kundenwert

Der Kundenwert ist der diskontierte Einzahlungsüberschuss, den ein Kunde imgesamten Verlauf seiner Geschäftsbeziehung für das Unternehmen erzeugt.

Kybernetik

Kybernetik (kybernetes [griech.] = Steuermann) ist die Wissenschaft, die sich mit den Gesetzmäßigkeiten der Regelung und der Informationsverarbeitung befasst.

Labeling

Mit Labeln oder Siegeln vermittelt ein Anbieter in komprimierter und leicht erfassbarer Form bestimmte Informationen über die Ware. Als Labeling bezeichnet man den Prozess der Beurteilung, der Informationsverdichtung und Kennzeichnung der Waren nach bestimmten Kriterien. Bio-Siegel stehen bspw. auf biologisch erzeugten Lebensmitteln, das Transfair-Siegel bescheinigt, dass der Kaffee fair gehandelt wurde, der Blaue Engel signalisiert die Umweltfreundlichkeit eines Produktes. Da die Anzahl der Label ständig wächst und viele Label von den Anbietern selbst erfunden und kontrolliert werden, ist es allerdings immer schwieriger, den Informationsgehalt und die Vertrauenswürdigkeit zu beurteilen.

Launch

Die Markteinführung eines neuen Produktes/Artikels wird als Launch bezeichnet.

Lead User

Lead User sind innovationsaffine Nutzer im Konsumgüter- und Industriegütergeschäft, die in der Regel als frühe Adopter auftreten und denen auf Grund ihrer Erfahrung und aktiven Kommunikation oft auch eine Meinungsführerposition zukommt.

Licensing

Licensing ist die Einräumung der Möglichkeit zur kommerziellen Nutzung von gewerblichen Schutzrechten gegen Entgelt (Produktlizenzen, Werbelizenzen).

Marketingmix

Wie der Begriff des Marketings ist auch die Definition des Marketingmixes weit gespannt und berührt alle Teilbereiche eines Unternehmens. Der Marketingmix umfasst alle Marketinginstrumente, die geeignet sind, eine marktorientierte Gesamtunternehmenspolitik vor dem Hintergrund einer Situationsanalyse zu realisieren und die angestrebten Ziele zu erreichen.

Massenfertigung, kundenindividuelle

Hierbei handelt es sich um einen Ansatz, der es Organisationen ermöglicht, Produkte, Dienstleistungen und Kommunikation individuell auf Kunden im Massenmarkt zuzuschneidern, während die Organisation gleichzeitig kosteneffizient arbeitet. Dies ermöglicht es, für die Kunden einen zusätzlichen Wert zu erzeugen.

Massenproduktionsvorteile

Von Massenproduktionsvorteilen spricht man im Falle sinkender Durchschnittskosten. Man unterscheidet langfristig sinkende Durchschnittskosten von der Fixkostendegression in der kurzen Frist. Sinkende Durchschnittskosten führen dazu, dass die Marktanteile einzelner Anbieter zunehmen, damit diese effizient produzieren.

Materialaufwand

Der Materialaufwand wird beim Gesamtkostenverfahren in der Gewinn- und Verlustrechnung aufgelistet und enthält die Aufwendungen für Roh-, Hilfs-, Betriebsstoffe, Erzeugnisse sowie bezogene Waren und Leistungen.

Nachfrageelastizität

Die Nachfrageelastizität drückt im Gegensatz zur Preiselastizität die relative Veränderung der Nachfrage durch die relative Veränderung eines Instruments des Marketingmix aus.

Obsoleszenz

Obsoleszenz beschreibt die Veralterung eines Produktes. Aus Sicht der potenziellen Nachfrager kann ein Produkt technischfunktional überholt (obsolet) sein, wenn es nicht mehr dem Stand des Fortschritts entspricht. Von psychischer Obsoleszenz wird hingegen gesprochen, wenn ein funktionsfähiges Produkt aus rein modisch-ästhetischen Beweggründen als veraltert wahrgenommen wird. Ebenso möglich ist eine qualitative Obsoleszenz durch den natürlichen Verschleißprozess.

Online-Marken

Hierbei handelt es sich um Marken, die nur eine Bedeutung im Internet haben.

Organisationsentwicklung

Die Organisationsentwicklung ist ein längerfristig angelegter, umfassender Entwicklungs- und Veränderungsprozess von Organisationen und der in ihnen tätigen Menschen.

Organisationskultur

Jede Unternehmung hat eine Organisationskultur, die mit der Entstehung und Entwicklung der Unternehmung, meist in Verknüpfung mit der Landeskultur, gewachsen ist. Um das Unternehmen und dem Unternehmensgründer entstehen Mythen, Märchen, Symbole, Werte, Einstellungen, Feste und Erfolgsgeschichten um die unternehmerischen Produkte und Leistungen; sie alle versuchen den Erfolg der Organisation zu erklären.

Personalcontrolling

Das Personalcontrolling beschreibt, erfasst (quantitativ oder qualitativ), bewertet und steuert strategische und operative Personalziele der Personalarbeit einer Organisation (z.B. einer Unternehmung).

Plankosten

Plankosten sind alle Kosten, die z.B. in der Personalwirtschaft bei der Erstellung der Personalleistung, des Humankapitals, anfallen.

Produkt-Markt-Matrix

Die Produkt-Markt-Matrix ist ein Werkzeug für die strategische Planung von Unternehmen, die das Wachstum ihrer Geschäfte anstreben.

Produktpolitik

Die Produktpolitik umfasst alle Maßnahmen einer erfolgsorientierten Gestaltung absatzreifer Sachgüter und Dienstleistungen. Sie ist neben der Programm- bzw. Sortimentspolitik, der Kontrahierungspolitik, der Kommunikationspolitik und der Distributionspolitik ein wichtiges absatzpolitisches (marketingpolitisches) Instrument.

Prozessdiagnose

Prozessdiagnose erhebt entscheidungsrelevante Daten zur Verbesserung eines Prozesses. Kategorien der Prozessdiagnose sind: Ziele, Ablauf, Menge, Organisation, Zeit, Fehler, Kosten und Medien.

Prozesskostenrechnung

Hierbei handelt es sich um eine wirtschaftliche Kalkulationsmethode, in welcher Kosten für Ressourcen (Personal, Technologie, Material usw.) den ausgeführten Tätigkeiten/Prozessen zugeordnet werden. Dabei wird i.d.R. zugrunde gelegt, für welchen Zeitraum oder wie intensiv die Ressourcen genutzt wurden.

Prozessqualität

Qualität ist das Verhältnis von Beschaffenheit und gestellten Qualitätsforderungen des Kunden gegenüber dem angebotenen Prozess / der angebotenen Dienstleistung. Die Qualitätsforderungen von Prozessen beziehen sich dabei sowohl auf das operative und inhaltliche Prozessergebnis (Output) als auch auf die kundenzugewandte und abwickelnde Leistungsphase (Transformation) des Prozesses. Aus Unternehmenssicht stellt das Prozessergebnis den kritischen Erfolgsfaktor dar, da dieser nur vom Kunden wahrgenommen wird.

Qualitätsmanagement

Unter Qualitätsmanagement ist ein Planungs- und Steuerungssystem zu verstehen, welches das Ziel verfolgt, für alle Produkte eine gewünschte Qualität herzustellen und nachhaltig zu sichern. Als Qualität (qualitas: = lat. Eigenschaft, Güte, Beschaffenheit) eines Produkts ist eine Relation zu verstehen, nach der die Produkteigenschaften bestimmten Anforderungen (Zielvorgaben) entsprechen sollen.

Qualitätszirkel

Ein Qualitätszirkel (quality circle) ist eine kleine (6 bis 9 Personen umfassende) Gesprächsgruppe aus Mitarbeitern verschiedener Hierarchiestufen eines bestimmten Arbeitsbereiches, die sich in regelmäßigen Abständen während der Arbeitszeit zu Sitzungen trifft, um vorgegebene oder selbstgewählte Probleme des eigenen Arbeitsbereiches zu diskutieren und Lösungsvorschläge zu erarbeiten sowie deren Umsetzung zu initiieren und zu kontrollieren.

Reichweite

Die Reichweite ist eine Maßzahl für Kontakte. Sie gibt an, wie viel Personen durch die Belegung eines Mediums bzw. einer Werbeträgerkombination mindestens einmal erreicht wurden. Sie sagt nichts darüber aus, wie oft die einzelnen Personen erreicht wurden.

Return on Investment (RoI)

Der Return on Investment gilt als die bekannteste finanzwirtschaftliche Kennzahl (ROI = Umsatzrentabilität mal Kapitalumschlag). Mathematisch und betriebswirtschaftlich kann der

Return on Investment logisch aus den beiden Rechenwerken Bilanz und Gewinn- und Verlustrechnung des Jahresabschlusses ermittelt werden.

Roadmapping

Roadmapping ist das Erstellen einer Roadmap, um das Zusammenspiel von langfristigen Zielen und passenden IT-Aktivitäten oder Technologien zu verdeutlichen.

Sale-and-Lease-Back

Unter Sale-and-Lease-Back versteht man die Kombination aus einem Kauf- und einem Leasingvertrag. Diese erhöht die Liquidität eines Unternehmens und kann dazu benutzt werden, stille Reserven aufzudecken.

Service Level Agreement (SLA)

Service Level Agreements sind Bestandteil eines Vertrags zwischen einem Dienstleister und einem Kunden. Sie definieren die vereinbarten Anforderungen an einen Service, zu deren Einhaltung sich der Dienstanbieter gegenüber dem Kunden verpflichtet.

Six Sigma

Die Idee von Six Sigma wurde 1979 bei Motorola geboren und ist seit 1987 in diesem Unternehmen der angestrebte Qualitätsstandard. Es beinhaltet ständige Verbesserungen sowie Breakthrough-Verbesserungen. Bestehende Variationen werden reduziert, wodurch die Durchschnittswerte verbessert werden.

Substitutionalität

Substitutionalität steht für die Austauschbarkeit von Gütern und Produktionsfaktoren durch andere, die denselben Zweck erfüllen. Unternehmen sind bestrebt, durch Forschung neue und effizientere Lösungen für bestehende Bedarfe zu entwickeln.

Supply Chain Management

Hierbei handelt es sich um Gestaltung, Betrieb und ständige Verbesserung der Systeme und Netzwerke, welche die primären Produkte und Dienstleistungen der Organisation erschaffen und liefern (Lieferkette). Das Lieferkettenmanagement zielt darauf ab, Wettbewerbsvorteile dadurch zu generieren, dass es den über alle Stufen hinweg erzeugten Mehrwert für den Kunden maximiert.

SWOT-Analyse

Die SWOT-Analyse (SWOT: Strengths, Weaknesses, Opportunities, Threats) wird im Rahmen der Strategischen Planung eingesetzt. Die von der Harvard Business School entwickelte Analysetechnik geht von der Vorstellung aus, dass die Stärken und Schwächen einer Unternehmung im Zusammenhang mit den Chancen und Risiken aus der Unternehmensumwelt gesehen werden müssen.

Target Costing

Hierbei handelt es sich um eine retrograde Kalkulation auch Zielkostenrechnung: Im Gegensatz zur Zuschlagskalkulation, bei der durch stufenweise Kostenaddition (Einzelkosten + Gemeinkosten) die voraussichtlichen Gesamtkosten eines Produktes oder Projektes ermittelt werden, verläuft die retrograde Kalkulation umgekehrt: Ausgangspunkt sind die vom Auftraggeber oder vom Markt maximal erlaubten Kosten für das Produkt oder das Projekt, von denen stufenweise die voraussichtlich anfallenden Einzel- und Gemeinkosten abgezogen werden bis zur Feststellung, ob durch die jeweiligen Wertansätze letztlich ein Gewinn verbleibt (Fragestellung: Welche Entwicklungskosten sind erlaubt?, Welche Gemeinkosten sind erlaubt?).

Technology Push Innovationen

Technology Push Innovationen sind Innovationen, die zunächst ohne Marktausrichtung auf Basis technischer Möglichkeiten entstanden sind, etwa als disruptive Neuerungen. Für sie ist durch Marketingaktivitäten ein Bedarf zu schaffen.

Verbundvorteil

Verbundvorteile entstehen durch die gemeinsame, aber nicht rivalisierende Nutzung von Ressourcen oder Märkten. Zum Ausdruck kommen sie durch den höheren Zielbeitrag, der bei gemeinsamer Nutzung der Ressourcen oder Märkte durch mehrere Mitarbeiter im Vergleich zur isolierten Nutzung erzielt wird.

Vorprodukte

Hierbei handelt es sich um Produkte, die in die unternehmenseigenen Produkte einfließen.

Vorschlagswesen, traditionelles betriebliches

Das betriebliche Vorschlagswesen (BVW) entwickelte sich Ende des 19. Jahrhunderts mit der zunehmenden Industrialisierung und wurde mehrheitlich bis in die 90er Jahre des 20. Jahrhunderts weiterentwickelt (auch in rechtlicher und informationstechnischer Hinsicht) und angewendet.
Sehr vereinfacht dargestellt, funktionierte das traditionelle BVW wie folgt: Verbesserungsvorschläge (VV) werden von teilnahmeberechtigten Arbeitnehmern bei einem zentral positionierten BVW-Beauftragten eingereicht. Dieser übernimmt ab diesem Zeitpunkt die Verwaltung und Steuerung der VV-Bearbeitung bis zur Ablehnung oder Umsetzung des VV. Der BVW-Beauftragte prüft den VV hinsichtlich formeller Voraussetzungen und leitet ihn an einen Fachgutachter weiter. Im positiven Fall geht der Prozess weiter und der VV kommt zusammen mit dem Fachgutachten in eine Prüfungs- und Bewer-

tungskommission, zusammengesetzt aus Vertretern des Arbeitgebers und der Arbeitnehmer. Diese Kommission entscheidet über die Annahme und Honorierung des VV. Die Unternehmensleitung bestätigt den Kommissionsantrag und veranlasst über die Hierarchie ihrer Führungskräfte die Umsetzung des VV und die Honorierung des VV-Einreichers. Die administrative Prozessabwicklung (neuerdings auch IT-gestützt) liegt beim BVW-Beauftragten. Dieser kann im Rahmen seines Budgets auch Werbemaßnahmen zur Steigerung der VV-Einreichungen veranlassen. Der Beauftragte führt Statistiken z.B. über die Beteiligungs-, Annahme- und Durchführungsquoten und kann Beiträge zur besseren Effizienz der VV-Bearbeitung (z.B. gut begründete Ablehnungen bzw. nutzensteigernde Umsetzungen) leisten. Die Kritiker dieses BVW bemängelten u.a. die Umgehung des Dienstweges, die Schwerfälligkeit des Verfahrens (bis hin zu Einspruchsverfahren) und die Vernachlässigung des Teamgedankens (erlaubt waren allerdings spontane, nicht organisierte Einreichergemeinschaften). Die Beteiligungsquoten erreichten im Landesdurchschnitt nur selten eine beachtliche Höhe.
Der Kerngedanke des traditionellen BVW wurde auch in neueren Konzepten erhalten: Jeder Arbeitnehmer hat die Chance, durch eigene VV sein Arbeitsumfeld, die betrieblichen Zustände und Beziehungen des Betriebes mit seinem Umsystem (z. B. Kunden, Behörden, Lieferanten) zu verbessern. Für diese Sonderleistung hat ein Arbeitnehmer Anspruch auf eine angemessene Honorierung.

Werbestrategie

Innerhalb einer Werbestrategie werden Grundsatzentscheidungen zu Werbeziele, Zielgruppen, Werbeobjekten, Werbestik, Medien, Werbemittel, zum zeitlichen Einsatz und zur Intensität getroffen.

Wettbewerbsvorteile

Wettbewerbsvorteile sind Positionsvorteile eines Anbieters im Vergleich zur Konkurrenz. Von einem strategischen Wettbewerbsvorteil wird gesprochen, wenn die drei folgenden Kriterien erfüllt sind:
1. Der Vorteil muss sich auf ein für den Kunden wichtiges Leistungsmerkmal beziehen,
2. muss von den Kunden tatsächlich wahrgenommen werden und
3. darf von der Konkurrenz nicht schnell einholbar sein.
Wettbewerbsvorteile stellen damit relative Vorteile im Vergleich zur Konkurrenz dar.

Wirtschaftsethik

Wirtschaftsethik wird verstanden als angewandte Ethik für den Bereich der Wirtschaft. Wirtschaftsethik gilt dabei als Oberbegriff für die Institutionenethik auf der Makroebene der wirtschaftlichen Rahmenordnung, die Unternehmensethik (Mesoebene) und die Individualethik der Wirtschaftsakteure (Mikroebene).

Working Capital

Hierbei handelt es sich um Nettoumlaufvermögen, d.h. Differenz zwischen dem Umlaufvermögen und den kurzfristigen Verbindlichkeiten. Das Working Capital gibt in einer finanzwirtschaftlichen Analyse an, ob die Vermögensgegenstände des Umlaufvermögens in der Lage sind, die kurzfristigen Verbindlichkeiten abzudecken, ob darüber hinaus ein Liquiditäts- und Finanzierungsspielraum besteht oder ob langfristiges Fremdkapital zur Finanzierung des Umlaufvermögens herangezogen wird. Zum working capital gehören die Vorräte, die Forderungen aus Lieferungen und Leistungen und die Verbindlichkeiten aus Lieferungen und Leistungen. Es beschreibt die Kapitalbindung im Nettoumlaufvermögen.

Zertifizierung

Unter Zertifizierung versteht man eine Prüfung des Unternehmens durch eine unabhängige Institution mit dem Zweck, die Einhaltung bestimmter Normen oder Anforderungen auf einem festzulegenden Niveau sicherzustellen. Die bekannteste Zertifizierung von Unternehmen wird nach DIN ISO 9000 vorgenommen.

Index